高职高专规划教材

工程招投标与合同管理

（第二版）

李　燕　李春亭　主　编
焦有权　副主编

中国建筑工业出版社

图书在版编目（CIP）数据

工程招投标与合同管理/李燕等主编．—2版．—北京：中国建筑工业出版社，2010（2023.2重印）
（高职高专规划教材）
ISBN 978-7-112-11995-0

Ⅰ．工…　Ⅱ．李…　Ⅲ．①建筑工程-招标-高等学校：技术学校-教材 ②建筑工程-投标-高等学校：技术学校-教材 ③建筑工程-经济合同-管理-高等学校：技术学校-教材　Ⅳ．TU723

中国版本图书馆 CIP 数据核字（2010）第 061239 号

本书以《高等职业教育土建类专业教育标准和培养方案》为纲，结合专业建设、课程建设、教育教学改革成果，重点突出学生实践能力、职业技能的培养。

本书依据现行建设工程相关的法律、法规、规范进行编写，重视理论的实际应用和操作，列举了大量表格和典型案例，着重培养学生的实际应用和操作能力，充分体现其先进性、适用性、可操作性，便于案例教学、实践教学和鲜明的时代特征。

本书内容包括：建筑工程市场，建设工程招标投标概述，建设工程施工招标务实，建筑工程施工投标文件的编制，建设工程施工招标投标的开标、评标、定标，建设工程合同管理，仿真实训等内容。

本书既可作为高职高专房屋建筑工程专业教材，也可作为城市道路与桥涵专业、工程造价管理专业等相关专业的教材；还可供建筑类工程技术人员参考使用。

为更好地支持本课程的教学，我们可以向选用本书作为教材的教师提供教学课件，请有需要的老师与本出版社联系，邮箱：jiangong kejian@163．com。

*　　*　　*

责任编辑：吉万旺
责任设计：李志立
责任校对：陈晶晶

高职高专规划教材
工程招投标与合同管理
（第二版）
李　燕　李春亭　主　编
焦有权　副主编
*
中国建筑工业出版社出版、发行（北京西郊百万庄）
各地新华书店、建筑书店经销
北京红光制版公司制版
北京建筑工业印刷厂印刷
*
开本：787×1092毫米　1/16　印张：12¼　插页：7　字数：299千字
2010年6月第二版　2023年2月第二十六次印刷
定价：**24.00**元
ISBN 978-7-112-11995-0
（19239）

第二版前言

为适应现代职业教育能力培养的要求，满足高职高专学校教材建设的需要，培养从事建设工程招标投标人才，编制本教材。

近几年，我国建设领域法制建设不断加强，建设工程招标投标制度不断完善，与之配套的新法规、新标准、新规定不断出台，加快了建设工程招标投标制度建设步伐，原书中的很多内容已不能适应新形势的要求，需要改进和完善。作者在本书第一版（2004 年 2 月出版）的基础上对该书进行全面修订。对全书总体结构和框架加以调整，以建设工程项目施工的招标文件编写、投标文件编写到开标评标定标三个阶段为主线，将本书分为四篇八章，每章章首提出能力目标、知识目标；章尾进行小结；为增强教材职业能力培养的系统性、连贯性，在每章末设计了专项实训项目，最后一章设计了综合实训项目。为巩固基本概念，每章末都安排了复习思考题。

本书本着“理论以必需、够用为度，突出应用性，加强理论联系实际，内容应通俗易懂，适用性要强”的原则，以培养职业技能为核心，以建设工程项目施工的招标文件编写、投标文件编写到开标评标定标三个阶段为主线，通过学生在校期间完成一个中等（小型）规模建设工程项目施工招投标全过程的实际操作，使学生具备招标文件和投标文件编制的基本能力。本书具有综合性、实践性、职业性强的特点，抓住龙头课程，采取案例教学法，突出综合能力的培养。

本书分四篇共八章，主要包括：建筑工程市场；建设工程招标投标概述；建设工程施工招标务实；建筑工程施工投标文件的编制；建设工程施工招标投标的开标、评标、定标；建设工程合同管理；仿真实训等内容。

本书由李燕、李春亭担任主编，第一、二、三章由李春亭编写；第四章由焦有权编写；第五、六、七、八章由李燕编写。

本书编写过程中参考了教材中所列参考文献的部分内容，谨此致衷心感谢。

本书在修订过程中，虽经反复推敲核证，仍难免有不妥甚至错误之处，诚望广大读者提出宝贵意见。

为更好地支持本课程的教学，我们可以向选用本书作为教材的教师提供教学课件，请有需要的老师与中国建筑工业出版社联系，邮箱：jiangong kejian@163. com。

第一版前言

为适应现代职业教育能力的培养，满足高职高专学校教材建设的需要，培养从事建设工程招标投标人才，编写本教材。教材将简要介绍招标投标的程序，突出投标文件的编制和能力的培养，保证学生在校期间完成一个中等（小型）规模的建设工程项目从招标投标到中标评标定标的全过程，具备投标文件编制的基本能力。它具有综合性强、实践性强的特点、抓住龙头课程，采用案例教学，突出综合能力的培养。

本教材共七章，主要包括：建筑工程市场；建设工程招标投标概述；建设工程施工招标务实；建设工程施工投标文件的编制；建设工程施工招标投标的开标、评标、定标；建设工程施工合同管理；仿真练习等内容。

本书第一～三章由李春亭编写，第四～七章由李燕编写。

本书编写过程中参考了教材中所列参考文献的部分内容，谨此致衷心感谢。

由于编写时间仓促，水平有限，书中难免有不足之处，恳请读者批评指正。

编者

2004 年 1 月

目　　录

第一篇　绪　　论

第二篇　建设工程施工招标投标务实

第三篇　建设工程合同管理

第四篇　综合训练

第一篇
绪　论

第一章　建筑工程市场

第一节　概　　述

【能力目标、知识目标】

建筑产品的交易行为是由建筑工程市场中的主体、客体在建筑工程交易中心通过建设工程承发包的方式完成的。通过介绍建筑工程市场及其主、客体，引入建设工程项目的管理机构、管理体制、交易方式、主体的法定身份、构成主体核心成分的专业人士资质及交易地点，对建筑工程项目及交易建立感性认识；通过专项实训，达到加深上述知识的理解和记忆的目的。

一、建筑工程市场概念

建筑工程市场是指以建筑产品承发包交易活动为主要内容的市场，一般称做建设市场或建筑市场。

建筑市场有广义的市场和狭义的市场之分。狭义的建筑市场一般指有形建筑市场，有固定的交易场所。广义的建筑工程市场包括有形市场和无形市场，它是工程建设生产和交易关系的总和。

由于建筑产品具有生产周期长、价值量大、生产过程的不同阶段对承包的能力和特点要求不同等特点，决定了建筑市场交易贯穿于建筑产品生产的整个过程。从工程建设的决策、设计、施工，一直到工程竣工、保修期结束，发包方与承包商、分包商进行的各种交易以及相关的商品混凝土供应、构配件生产、建筑机械租赁等活动，都是在建筑市场中进行的。生产活动和交易活动交织在一起，使得建筑市场在许多方面不同于其他产品市场。

二、建设工程承发包

（一）概念

建设工程承发包是根据协议，作为交易一方的承包商（监理、勘察、设计、施工企业）负责为交易另一方的发包方（建设单位）完成某一项工程的全部或其中的一部分工作，并按一定的价格取得相应报酬的一种交易行为。

发包方是指委托工程建设（咨询、设计、施工）的任务并负责支付报酬的建设单位，它们是市场中拥有资金的买方。

承包商是指具有一定生产能力、机械设备、流动资金且具有承包营业资格，并能按时保质保量完成任务而取得报酬的监理、勘察、设计、建筑施工企业，它们是市场中拥有资金的卖方。

承、发包双方之间存在着经济上的权利与义务关系，是双方通过签订合同或协议予以明确的，且具有法律效力。

（二）建设工程承发包方式模式

1. 工程承发包模式

它是指发包人与承包人双方之间的经济关系形式。我国在工程建设中采取的经营方式有自营方式和承包方式两种。

（1）自营方式是指建设单位自己组织施工力量，直接领导组织施工，完成所需进行的建筑安装工程。这种方式，在新中国成立后的国民经济恢复时期，采用得较多，但此方式不能适应大规模生产建设的需要，现在除农民建房有时还采用外，基本已不采用。

（2）承包方式是指建设单位委托承包商完成建筑安装工程的建设任务，并支付建设费用。这种方式使用非常广泛。

2. 建设工程承发包方式分类

建设工程承发包方式根据承发包的范围、承包人所处地位、合同计价方式、获得任务的途径等不同情况进行分类。

（1）按照承发包范围分类：工程项目总承发包、阶段承发包、专项（业）承发包。

1）工程项目总承发包

建设全过程承发包又叫统包、一揽子承包、交钥匙工程。它是指发包人（业主）将工程设计、施工、材料和设备等一系列工作全部发包给一家承包人（企业）承包，由其进行实质性设计、施工和采购工作，也可根据工程具体情况，将工程总承包任务发包给有实力的具有相应资质的咨询公司、勘察设计单位、施工企业以及设计施工一体化的大建筑公司承担，并对其统一协调和监督管理。各专业承包人只同总承包人发生直接关系，不与发包人发生直接关系。最后总承包人向业主交一个已达到动用条件的工程项目。该方式主要适用于大中型建设项目。大中型建设项目由于工程规模大、技术复杂，要求工程承包公司必须具有雄厚的技术经济实力和丰富的组织管理经验，通常由实力雄厚的工程总承包公司（集团）承担。这种承包方式的优点是：由于业主与承包商之间只有一个主合同，便于合同管理，协调工作量小，可节约投资、缩短建设工期并保证建设项目的质量，提高投资效益。但招标发包工作难度大，合同价格高，对质量的控制难度大。

2）阶段承发包

阶段承发包是指发包人、承包人就建设过程中某一阶段或某些阶段的工作，如勘察、设计或施工、材料设备供应等，进行发包承包。例如由设计机构承担勘察设计，由施工企业承担工业与民用建筑施工，由设备安装公司承担设备安装任务。其中，施工阶段承发包，还可依据承发包的具体内容，再细分为以下三种方式：

①包工包料，即承包人负责提供承包工程在施工中所需的全部劳务工和全部材料供应，并负责承包工程施工进度、质量、安全。

②包工部分包料，即承包人只负责提供承包工程在施工中的全部劳务工和一部分材料供应及负责施工进度、质量、安全。其余部分材料由发包人或总承包人负责供应。

③包工不包料，又称包清工，实质上是劳务承包，即承包人（大多是分包人）仅提供劳务而不承担任何材料供应的义务。

3）专项（业）承发包

专项（业）承发包是指发包人（业主）、承包人（承包商）就某建设阶段中的一个或几个专业性强的专门项目进行发包承包。专项（业）承发包主要项目有：勘察设计阶段的工程地质勘察、供水水源勘察；基础或结构工程设计、工艺设计、供电系统、空调系统及防灾系统的设计；施工阶段的深基础施工、金属结构制作和安装、通风设备和电梯安装；

建设准备阶段的设备选购。

(2) 按照承包人所处的地位分类：总承包、分承包、独立承包、联合承包、直接承包。

(3) 按照合同计价方式分类：总价合同、单价合同、成本加酬金合同。

(4) 按照获得承包任务途径分类：指定承包、协议承包和招标承包。

1) 指定承包是指国家对建筑施工企业下达工程施工任务，建筑施工企业接收任务并完成。此方式在我国计划经济时期较多的采用。

2) 协议承包是指建设单位与建筑施工企业就工程内容及价格进行协商，签订承包合同。

3) 招标承包是指由三家以上建筑施工企业进行承包竞争，建设单位择优选定建筑施工企业，并与其签订承包合同。

三、建筑市场体系及管理体制

1. 建筑市场体系

建筑市场经过近几年来的发展已形成以发包方、承包方、为双方服务的咨询服务者和市场组织管理者组成的市场主体；由建筑产品和建筑生产过程为对象组成的市场客体；由招标投标为主要交易形式的市场竞争机制；由资质管理为主要内容的市场监督管理体系；以及我国特有的有形建筑市场等。这构成了完整的建筑市场体系（见图 1-1）。

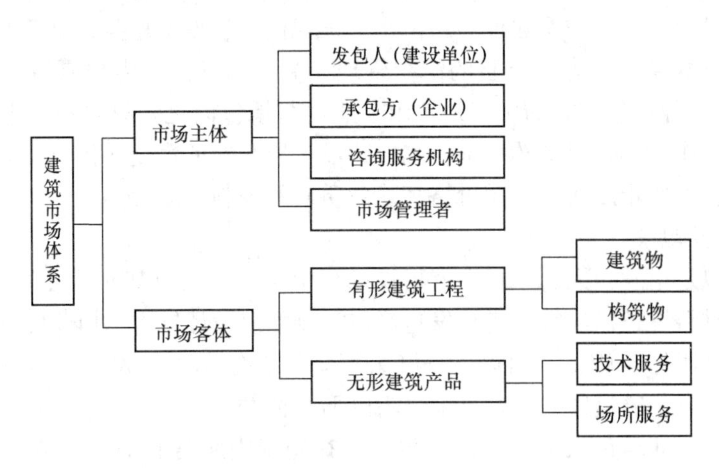

图 1-1　建筑市场体系

2. 建筑市场管理体制

建筑市场管理体制因社会制度、国情的不同而不同，其管理内容也各具特色。

(1) 西方国家管理体制

很多发达国家建设主管部门对企业的行政管理并不占重要的地位。政府的作用是建立有效、公平的建筑市场，提高行业服务质量和促进建筑生产活动的安全、健康，推进整个行业的良性发展，而不是过多地干预企业的经营和生产。对建筑业的管理主要通过政府引导、法律规范、市场调节、行业自律、专业组织辅助管理来实现，在市场机制下，经济手段和法律手段成为约束企业行为的首选方式。法制是政府管理的基础。

在管理职能方面，立法机构负责法律、法规的制定和颁布；行政机关负责监督检查、发展规划和对有关事情作出批准；司法部门负责执法和处理。此外，作为整个管理体制的补充，其行业协会和一些专业组织也承担了相当一部分工作，如制定有关技术标准、对合同的仲裁等等。以国家颁布的法律为基础，地方政府往往也制定相对独立的法规。

（2）我国的建设管理体制

我国的建设管理体制是建立在社会主义公有制基础之上的。计划经济时期，无论是建设单位，还是施工企业、材料供应部门均隶属于不同的政府管理部门，各个政府部门主要是通过行政手段管理企业。在一些基础设施部门则形成所谓行业垄断。改革开放初期，虽然政府机构进行多次调整，但分行业进行管理的格局基本没有改变。国家各个部委均有本行业关于建设管理的规章，有各自的勘察、设计、施工、招标投标、质量监督等一套管理制度，形成对建筑市场的分割。随着社会主义市场经济体制的逐步建立，政府在机构设置上也进行了很大的调整。除保留了少量的行业管理部门外，撤销了众多的专业政府部门，并将政府部门与所属企业脱钩。为建设管理体制的改革提供了良好的条件，使原先的部门管理逐步向行业管理转变（住房和城乡建设部组织结构如图 1-2 所示）（我国各级行政主管部门结构如图 1-3 所示）。

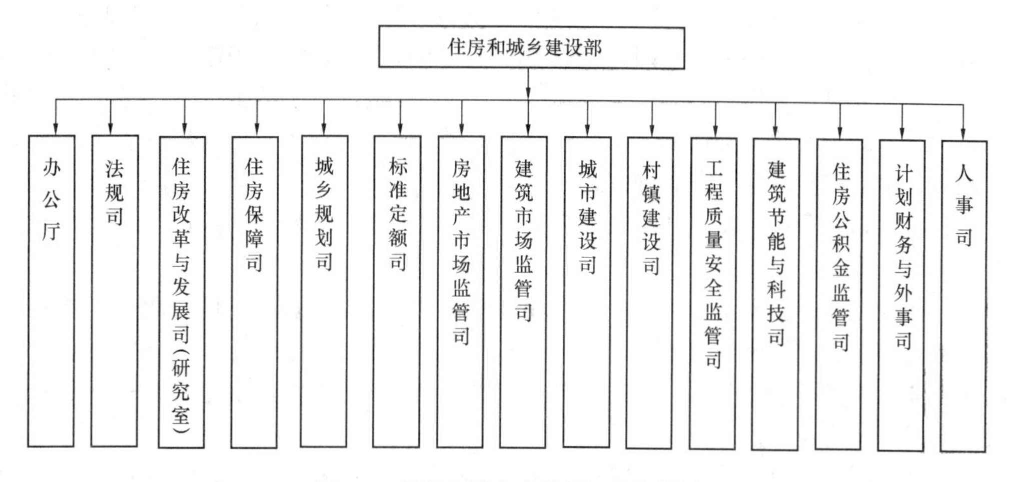

图 1-2　住房和城乡建设部组织结构图

（3）政府对建筑市场的管理任务

建设项目根据资金来源的不同可分为两类：公共投资项目和私人投资项目。前者是代表公共意愿的政府行为，后者则是个人行为。政府对于这两类项目的管理有很大差别。

对于公共投资项目，政府既是业主，又是管理者，以不损害纳税人利益和保证公务员廉洁为出发点，除了必须遵守一般法律外，通常规定必须公开招投标，并保证项目实施过程的透明。

对于私人投资项目，一般只要求其在实施过程中遵守有关环境保护、规划、安全生产等方面的法律规定，对是否进行招投标不作规定。

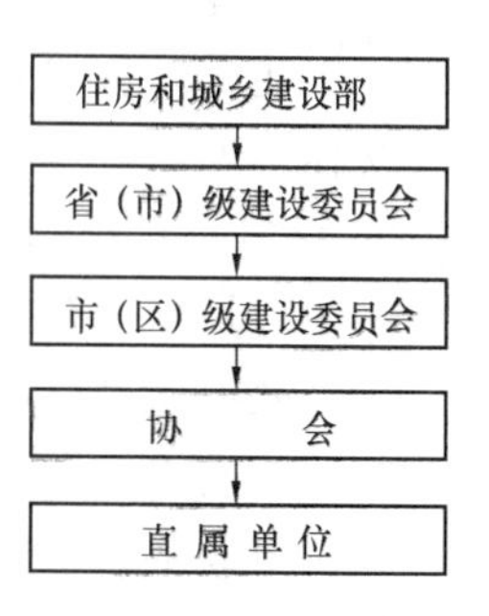

图 1-3　我国各级行政主管部门结构

我国通过近年来的学习和实践，已逐步摸索出一套适应我国国情的管理模式。但这种管理模式还将随着我国社会主义市场经济体制的确立和与国际接轨的需要，对我国目前的管理体制和管理内容、方式不断加以调整和完善。

第二节　建筑工程市场的主体和客体

建筑市场的主体是指参与建筑生产交易（业主给付建设费，承包商交付工程的过程）的各方。我国建筑市场的主体主要是业主（建设单位或发包人）、承包商（勘察、设计、施工、材料供应）、工程咨询服务机构（咨询、监理）等。

建筑市场的客体则为有形的建筑产品（建筑物、构筑物）和无形的建筑产品（咨询、监理等智力型服务）

（一）建筑市场主体

1. 业主

业主是指既有某项工程建设需求，又具有该项工程的建设资金和各种准建手续，在建筑市场中发包工程项目建设的勘察、设计、施工任务，并最终得到建筑产品达到其经营使用目的的政府部门、企事业单位和个人。

在我国，业主也称之为建设单位，只有在发包工程或组织工程建设时才成为市场主体，故又称为发包人或招标人。因此，业主方作为市场主体具有不确定性。我国的工程项目大多数是政府投资建设的，业主大多属于政府部门。为了规范业主行为，建立了投资责任约束机制，即项目法人责任制，又称业主责任制，由项目业主对项目建设全过程负责。

项目业主的产生，主要有三种方式：

（1）业主是企业或单位。如某工程为企、事业单位投资的新建、扩建、改建工程，则该企业或单位即为项目业主。

（2）业主是联合投资董事会。由不同投资方参股或共同投资的项目，则业主是共同投资方组成的董事会或管理委员会。

（3）业主是各类开发公司。开发公司自行融资或由投资方协商组建或委托开发的工程管理公司也可成为业主。

业主在项目建设过程的主要职能是：①建设项目立项决策；②建设项目的资金筹措与管理；③办理建设项目的有关手续（如征地、建筑许可证等）；④建设项目的招标与合同管理；⑤建设项目的施工与质量管理；⑥建设项目的竣工验收和试运行；⑦建设项目的统计及文档管理。

2. 承包商

承包商是指拥有一定数量的建筑装备、流动资金、工程技术经济管理人员及一定数量的工人，取得建设行业相应资质证书和营业执照的，能够按照业主的要求提供不同形态的建筑产品并最终得到相应工程价款的建筑施工企业。

相对于业主，承包商作为建筑市场主体，是长期和持续存在的。因此，对承包商一般实行从业资格管理。承包商从事建设生产，一般需具备三个方面的条件：

（1）拥有符合国家规定的注册资本。

（2）拥有与其资质等级相适应且具有注册执业资格的专业技术和管理人员。

（3）有从事相应建筑活动所应有的技术装备。

经资格审查合格，已取得资质证书和营业执照的承包商，可按其所从事的专业分为土建、水电、道路、港口、铁路、市政工程等专业公司。在市场经济条件下，承包商需要通过市场竞争（投标）取得施工项目，需要依靠自身的实力去赢得市场，承包商的实力主要包括四个方面：

（1）技术方面的实力。有精通本行业的工程师、造价师、经济师、会计师、项目经理、合同管理等专业人员队伍；有施工专业装备；有承揽不同类型项目施工的经验。

（2）经济方面的实力。具有相当的周转资金用于工程准备，具有一定的融资和垫付资金的能力；具有相当的固定资产和为完成项目需购入大型设备所需的资金；具有支付各种担保和保险的能力，有承担相应风险的能力；承担国际工程尚需具备筹集外汇的能力。

（3）管理方面的实力。建筑承包市场属于买方市场，承包商为打开局面，往往需要低利润报价取得项目，因此，必须在成本控制上下工夫，向管理要效益，并采用先进的施工方法提高工作效率和技术水平，必须具有一批过硬的项目经理和管理专家。

（4）信誉方面的实力。承包商一定要有良好的信誉，它将直接影响企业的生存与发展。要建立良好的信誉，就必须遵守法律法规，承担国外工程能按国际惯例办事，保证工程质量、安全、工期、文明施工能认真履约。

承包商承揽工程，必须根据本企业的施工力量、机械装备、技术力量、施工经验等方面的条件，选择适合发挥自己优势的项目，避开企业不擅长或缺乏经验的项目，做到扬长避短，避免给企业带来不必要的风险和损失。

3. 工程咨询服务机构

工程咨询服务机构是指具有一定注册资金，具有一定数量的工程技术、经济、管理人员，取得建设咨询证书和营业执照，能为工程建设提供估算测量、管理咨询、建设监理等智力型服务并获取相应费用的企业。

工程咨询服务企业包括勘察设计机构、工程造价（测量）咨询单位、招标代理机构、工程监理公司、工程管理公司等。这类企业主要是向业主提供工程咨询和管理服务，弥补业主对工程建设过程不熟悉的缺陷，在国际上一般称为咨询公司。在我国，目前数量最多并有明确资质标准的是勘察设计机构、工程监理公司和工程造价（测量）咨询单位、招标代理机构。工程管理和其他咨询类企业近年来也有发展。

工程咨询服务机构虽然不是工程承发包的当事人，但其受业主委托或聘用，与业主订有协议书或合同，因而对项目的实施负有相当重要的责任。

（二）建筑市场的客体

建筑市场的客体，一般称作建筑产品，是建筑市场的交易对象，既包括有形建筑产品，也包括无形产品——各类智力型服务。

建筑产品不同于一般工业产品。因为建筑产品本身及其生产过程，具有不同于其他工业产品的特点。在不同的生产交易阶段，建筑产品表现为不同的形态。它可以是咨询公司提供的咨询报告、咨询意见或其他服务；可以是勘察设计单位提供的设计方案、施工图纸、勘察报告；可以是生产厂家提供的混凝土构件，当然也包括承包商生产的各类建筑物和构筑物。

1. 建筑产品的特点

（1）建筑产品的固定性和生产过程的流动性。建筑物与土地相连，不可移动，这就要求施工人员和施工机械只能随建筑物不断流动。从而带来施工管理的多变性和复杂性。

（2）建筑产品的单件性。由于业主对建筑产品的用途、性能要求不同以及建设地点的差异，决定了多数建筑产品都需要单独进行设计，不能批量生产。

（3）建筑产品的整体性和分部分项工程的相对独立性。这个特点决定了总包和分包相结合的特殊承包形式。随着经济的发展和建筑技术的进步，施工生产的专业性越来越强。在建筑生产中，由各种专业性施工企业分别承担工程的土建、安装、装饰、劳务分包，有利于施工生产技术和效率的提高。

（4）建筑生产的不可逆性。建筑产品一旦进入生产阶段，其产品不可能退换，也难以重新建造。否则双方都将承受极大的损失。所以，建筑生产的最终产品质量是由各阶段成果质量决定的。设计、施工必须按照规范和标准进行，才能保证生产出合格的建筑产品。

（5）建筑产品的社会性。绝大部分建筑产品都具有相当广泛的社会性，涉及公众的利益和生命财产的安全，即使是私人住宅，也会影响到环境，影响到进入或靠近它的人员的生活和安全。政府作为公众利益的代表，加强对建筑产品的规划、设计、交易、建造的管理是非常必要的，有关工程建设的市场行为都应受到管理部门的监督和审查。

2. 建筑产品的商品属性

长期以来，受计划经济体制影响，工程建设由工程指挥部管理，工程任务由行政部门分配，建筑产品价格由国家规定，抹杀了建筑产品的商品属性。

改革开放以后，由于推行了一系列以市场为取向的改革措施，建筑企业成为独立的生产单位，建设投资由国家拨款改为多种渠道筹措，市场竞争代替行政分配任务，建筑产品价格也逐步走向以市场形成价格的价格机制，建筑产品商品属性的观念已为大家认识，这成为建筑市场发展的基础，并推动了建筑市场的价格机制、竞争机制和供求机制的形成，使实力强、素质高、经营好的企业在市场上更具竞争性，能够更快地发展，实现资源的优化配置，提高了全社会的生产力水平。

3. 工程建设标准的法定性

建筑产品的质量不仅关系承发包双方的利益，也关系到国家和社会的公共利益，正是由于建筑产品的这种特殊性，其质量标准是以国家标准、国家规范等形式颁布实施的。从事建筑产品生产必须遵守这些标准规范的规定，违反这些标准规范的将受到国家法律的制裁。

工程建设标准涉及面很宽，包括房屋建筑、交通运输、水利、电力、通信、采矿冶炼、石油化工，市政公用设施等诸多方面。

工程建设标准是指对工程勘察、设计、施工、验收、质量检验等各个环节的技术要求。它包括五个方面的内容：

（1）工程建设勘察、设计、施工及验收等的质量要求和方法。

（2）与工程建设有关的安全、卫生、环境保护的技术要求。

（3）工程建设的术语、符号、代号、量与单位、建筑模数和制图方法。

（4）工程建设的试验、检验和评定方法。

（5）工程建设的信息技术要求。

在具体形式上，工程建设标准包括了标准、规范、规程等。它一方面通过有关的标准规范为相应的专业技术人员提供了需要遵循的技术要求和支持；另一方面，由于标准的法律属性和权威属性，保证了从事工程建设有关人员按照规定去执行，同时也为保证工程质量打下了基础。

第三节　建筑工程市场的资质管理

建筑活动的专业性及技术性很强，而且建设工程投资大，周期又长，一旦发生问题将给社会和人民的生命财产安全造成极大损失。因此为保证建设工程的质量和安全，对从事建设活动的单位和专业技术人员必须实行从业资格管理，即资质管理制度。

建筑市场中的资质管理包括两类：一类是对从业企业的资质管理；另一类是对专业人士的资格管理。

1. 从业企业资质管理

《中华人民共和国建筑法》规定，对从事建筑活动的施工企业、勘察设计单位、工程咨询机构（含监理单位）实行资质管理。

(1) 工程勘察设计企业资质管理

我国建设工程勘察设计资质分为工程勘察资质、工程设计资质。工程勘察资质分为工程勘察综合资质（甲级）、工程勘察专业资质（甲、乙、丙级）、工程勘察劳务资质（不分级）；工程设计资质分为工程设计综合资质（不分级）、工程设计行业资质（甲、乙、丙级）、工程设计专项资质（甲、乙级）。

建设工程勘察、设计企业应当按照其拥有的注册资本、专业技术人员、技术装备、业绩等条件申请资质，经审查合格，取得建设工程勘察、设计资质证书后，方可在资质等级许可的范围内从事建设工程勘察设计活动。我国勘察设计企业的业务范围可参见表 1-1 的有关规定。国务院建设行政主管部门及各地建设行政主管部门负责工程勘察设计企业资质的审批、晋升和处罚。

(2) 建筑业企业（承包商）资质管理

建筑业企业（承包商）是指从事土木工程、建筑工程、线路管道及设备安装工程、装修工程等的新建、扩建、改建活动的企业。我国的建筑业企业分为施工总承包企业、专业承包企业和劳务分包企业。施工总承包企业又按工程性质分为房屋、公路、铁路、港口、水利、电力、矿山、冶金、化工石油、市政公用、通信、机电等 12 个类别；专业承包企业又根据工程性质和技术特点划分为 60 个类别；劳务分包企业按技术特点划分为 13 个类别。

工程施工总承包企业资质等级分为特、一、二、三级；施工专业承包企业资质等级分为一、二、三级；劳务分包企业资质等级分为一、二级。这三类企业的资质等级标准，由住房和城乡建设部统一组织制定和发布。工程施工总承包企业和施工专业承包企业的资质实行分级审批。特级、一级资质由住房和城乡建设部审批；二级以下资质由企业注册所在地省、自治区、直辖市人民政府建设主管部门审批；劳务分包系列企业资质由企业所在地省、自治区、直辖市人民政府建设主管部门审批。经审查合格的企业，由资质管理部门颁发相应等级的建筑业企业（施工企业）资质证书。建筑业企业资质证书由国务院建设行政主管部门统一印制，分为正本（1 本）和副本（若干本），正本和副本具有同等法律效力。任何单位和个人不得涂改、伪造、出借、转让资质证书，复印的资质证书无效。我国建筑业企业承包工程范围见表 1-2。

我国勘察设计企业的业务范围 **表 1-1**

企业类型	资质分类	等级	承担业务范围
勘察企业	综合资质	甲级	承担工程勘察业务范围和地区不受限制
	专业资质（分专业设立）	甲级	承担本专业工程勘察业务范围和地区不受限制
		乙级	可承担本专业工程勘察中、小型工程项目，承担工程勘察业务范围和地区不受限制
		丙级	可承担本专业工程勘察小型工程项目，承担工程勘察业务限定在省、自治区、直辖市所辖行政区范围内
	劳务资质	不分级	承担岩石工程治理、工程钻探、凿井等工程勘察劳务工作，承担工程勘察劳务工作的地区不受限制
设计企业	综合资质	不分级	承担工程设计业务范围和地区不受限制
	行业资质（分行业设立）	甲级	承担相应行业建设项目的设计任务，工程设计业务范围和地区不受限制
		乙级	承担相应行业的中、小型建设项目的设计任务，地区不受限制
		丙级	承担相应行业的小型建设项目的设计任务，地区限定在省、自治区、直辖市所辖行政区范围内
	专业资质（分专业设立）	甲级	承担大、中、小型专项工程设计的项目，地区不受限制
		乙级	承担中、小型专项工程设计的项目，地区不受限制

我国建筑业企业承包工程范围 **表 1-2**

企业类型	等级	承包工程范围
建筑总承包企业（12 类）	特级	（以房屋建筑工程为例）可承担各类房屋建筑工程施工
	一级	（以房屋建筑工程为例）可承担单项合同额不超过企业注册资本金 5 倍的下列房屋工程的施工：①40 层及以下、各类跨度的房屋建筑施工；②高度 240m 及以下的构筑物；③建筑面积 20 万 m^2 及以下的住宅小区或建筑群体
	二级	（以房屋建筑工程为例）可承担单项合同额不超过企业注册资本金 5 倍的下列房屋工程的施工：①28 层及以下、各类跨度的房屋建筑施工；②高度 120m 及以下的构筑物；③建筑面积 12 万 m^2 及以下的住宅小区或建筑群体
	三级	（以房屋建筑工程为例）可承担单项合同额不超过企业注册资本金 5 倍的下列房屋工程的施工：①14 层及以下、各类跨度的房屋建筑施工；②高度 70m 及以下的构筑物；③建筑面积 6 万 m^2 及以下的住宅小区或建筑群体
专业承包企业（60 类）	一级	（以土方工程为例）可承担各类土方工程施工
	二级	（以土方工程为例）可承担单项合同额不超过企业注册资本金 5 倍且 60 万立方米及以下的土方工程的施工
	三级	（以土方工程为例）可承担单项合同额不超过企业注册资本金 5 倍且 15 万立方米及以下的土方工程的施工
劳务分包企业（13 类）	一级	（以木工作业为例）可承担各类工程木工作业分包业务，但单项合同额不超过企业注册资本金 5 倍
	二级	（以木工作业为例）可承担各类工程木工作业分包业务，但单项合同额不超过企业注册资本金 5 倍

(3) 工程咨询单位资质管理

我国对工程咨询单位实行资质管理。目前，已有明确资质等级评定条件的有：工程监理、招标代理、工程造价等咨询机构。

工程监理企业，其资质等级划分甲级、乙级和丙级三个级别。丙级监理单位只能监理本地区、本部门的三等工程；乙级监理单位只能监理本地区、本部门的二、三等工程；甲级监理单位可以跨地区、跨部门监理一、二、三等工程。

工程招标代理机构，其资质等级划分为甲级和乙级。乙级招标代理机构只能承担工程投资额（不含征地费、大市政配套费与拆迁补偿费）3000 万元以下的工程招标代理业务，地区不受限制；甲级招标代理机构承担工程的范围和地区不受限制。

工程造价咨询机构，其资质等级划分为甲级和乙级；乙级工程造价咨询机构在本省、自治区、直辖市所辖行政区范围内承接中、小型建设项目的工程造价咨询业务；甲级工程造价咨询机构承担工程的范围和地区不受限制。

工程咨询单位的资质评定条件包括注册资金、专业技术人员和业绩三方面的内容，不同资质等级的标准均有具体规定。

2. 专业人士资格管理

在建筑市场中，把具有从事工程咨询资格的专业工程师称为专业人士。

专业人士在建筑市场管理中起着非常重要的作用。由于他们的工作水平对工程项目建设成败具有重要的影响，对专业人士的资格条件要求很高。从某种意义上说，政府对建筑市场的管理，一方面要靠完善的建筑法规，另一方面要依靠专业人士。

我国专业人事制度是近几年才从发达国家引入的。目前，已经确定专业人士的种类有建筑工程师、结构工程师、监理工程师、造价工程师，建造工程师等。由全国资格考试委员会负责组织专业人士的考试。由建设行政主管部门负责专业人士注册。资格和注册条件为：大专以上的专业学历；参加全国统一考试，成绩合格；具有相关专业的实践经验；即可取得注册工程师资格。各专业人士资格和注册条件见表 1-3。

各专业人士资格和注册条件 **表 1-3**

专业人士名称	资格条件	考试或资格证书颁发机构	注册机构
建筑工程师	建筑工程师分为：一级建筑师、二级建筑师 建筑师考试资格及注册条件：参见中华人民共和国建设部令第 184 号《中华人民共和国注册建筑师条例》网址：http：//www. pqrc. org. cn	由人事部、住房和城乡建设部共同组织执业资格考试及资格证书颁发	住房和城乡建设部执业资格注册中心
结构工程师	结构工程师分为：一级结构师、二级结构师 结构工程师考试资格及注册条件：参见中华人民共和国建设部颁布《中华人民共和国注册结构师条例》，网址：http：//www. pqrc. org. cn	由人事部、住房和城乡建设部共同组织执业资格考试及资格证书颁发	住房和城乡建设部执业资格注册中心

续表

专业人士名称	资格条件	考试或资格证书颁发机构	注册机构
监理工程师	监理工程师考试资格条件：①工程技术或工程经济专业大专（含大专）以上学历，按照国家有关规定，取得工程技术或工程经济专业中级职务，并任职满3年。②按照国家有关规定，取得工程技术或工程经济专业高级职务。③1970年（含70年）以前工程技术或工程经济专业中专毕业，按照国家有关规定，取得工程技术或工程经济专业中级职务，并任职满3年。参见中华人民共和国建设部令第18号《中华人民共和国注册监理工程师条例》，网址：http：//www．pqrc．org．cn	由人事部、住房和城乡建设部共同组织执业资格考试及资格证书颁发	住房和城乡建设部执业资格注册中心
造价工程师	造价工程师考试资格条件：参见中华人民共和国建设部《造价工程师注册管理办法》网址：http：//www．pqrc．org．cn	由人事部、住房和城乡建设部共同组织执业资格考试及资格证书颁发	住房和城乡建设部执业资格注册中心
建造师	建造师分为：一级建造师、二级建造师 建造师考试资格条件：参见国人部发[2004]16号《建筑师执业资格考试实施办法》 注册条件：参见中华人民共和国建设部令第153号《注册建造师管理规定》网址：http：//www．pqrc．org．cn	一级建造师由人事部、住房和城乡建设部共同组织执业资格考试及资格证书颁发 二级建造师由各省、自治区、直辖市人事厅（局），建设厅（委）按照国家确定的考试大纲和有关规定，在本地区组织实施二级建造师执业资格考试及资格证书颁发	住房和城乡建设部执业资格注册中心

第四节　建设工程交易中心

建设市场交易是业主给付建设费，承包商交付工程的过程。而建设工程交易中心是我国建设市场有形化的管理方式。

建设工程从投资性质上可分为两大类：一类是国家投资项目，另一类是私人投资项目，在西方发达国家中，私人投资占了绝大多数，私人投资工程项目管理是业主自己的事情，政府只是监督他们是否依法建设。对国家投资项目，一般设置专门的管理部门，代为行使业主的职能。

我国是以社会主义公有制为主体的国家，政府部门、国有企业、事业单位投资在社会投资中占有主导地位。建设单位使用的都是国有资产，由于国有资产管理体制的不完善和建设单位内部管理制度的薄弱，很容易造成工程发包中的不正之风和腐败现象。针对上述情况，近几年我国出现了建设工程交易中心。把所有代表国家或国有企事业单位投资的业主请进建设工程交易中心进行招标，设置专门的监督机构，这是我国解决国有建设项目交易透明度差的问题和加强建筑市场管理的一种独特方式。

（一）建设工程交易中心的性质

建设工程交易中心是服务性机构，不是政府管理部门，也不是政府授权的监督机构，本身并不具备监督管理职能。但建设工程交易中心又不是一般意义上的服务机构，其设立需得到政府或政府授权主管部门的批准，并非任何单位和个人可随意成立。它不以营利为目的，旨在为建立公开、公正、平等竞争的招投标制度服务，只可经批准收取一定的服务费，工程交易行为不能在场外发生。

（二）建设工程交易中心的作用

按照我国有关规定，所有建设项目都要在建设工程交易中心内报建、发布招标信息、合同授予、申领施工许可证。招投标活动都需在场内进行，并接受政府有关管理部门的监督。应该说建设工程交易中心的设立，对国有投资的监督制约机制的建立、规范建设工程承发包行为、将建筑市场纳入法制化的管理轨道有着重要的作用，是符合我国实际情况一种好的形式。

建设工程交易中心建立以来，由于实行集中办公、公开办事的一条龙“窗口”服务，不仅有力地促进了工程招投标制度的推行，而且遏制了违法违规行为，对于防止腐败、提高管理透明度起到了显著的效果。

（三）建设工程交易中心的基本功能

1. 信息服务功能

包括收集、存储和发布各类工程信息、法律法规、造价信息、建材价格、承包商信息、咨询单位和专业人士信息等。在设施上配备有大型电子墙、计算机网络工作站，为承发包交易提供广泛的信息服务。

2. 场所服务功能

对于政府部门、国有企业、事业单位的投资项目，我国明确规定，一般情况下都必须进行公开招标，只有特殊情况下才允许采用邀请招标。所有建设项目进行招标投标必须在有形建筑市场内进行，必须由有关管理部门进行监督。按照这个要求，工程建设交易中心必须为工程承、发包交易双方包括建设工程的招标、评标、定标、合同谈判等提供设施和场所服务。住房和城乡建设部《建设工程交易中心管理办法》规定，建设工程交易中心应具备信息发布大厅、洽谈室、开标室、会议室及相关设施，以满足业主和承包商、分包商、设备材料供应商之间的交易需要。同时，要为政府有关管理部门进驻集中办公，办理有关手续和依法监督招标投标活动提供场所服务。

3. 集中办公功能

由于众多建设项目要进入有形建筑市场进行报建、招标投标交易和办理有关批准手续，这样就要求建设行政主管部门的各职能机构进驻工程交易中心集中办理有关审批手续和进行管理。受理申报的内容一般包括：工程报建、招标登记、承包商资质审查、合同登记、质量报监、施工许可证发放等。进驻建设工程交易中心的相关管理部门集中办公，公布各自的办事制度和程序，既能按照各自的职责依法对建设工程交易活动实施有力监督，又方便当事人办事，有利于提高办公效率。

（四）建设工程交易中心的运行原则

为了保证建设工程交易中心能够有良好的运行秩序和市场功能的充分发挥，必须坚持市场运行的一些基本原则。

1. 信息公开原则

建设工程交易中心必须充分掌握政策法规，工程发包、承包商和咨询单位的资质、造价指数、招标规则、评标标准、专家评委库等各项信息，并保证市场各方主体都能及时获得所需要的信息资料。

2. 依法管理原则

建设工程交易中心应严格按照法律、法规开展工作，尊重建设单位依照法律规定选择投标单位和选定中标单位的权利。尊重符合资质条件的建筑业企业提出的投标要求和接受邀请参加投标的权利。任何单位和个人不得非法干预交易活动的正常进行。监察机关应当进驻建设工程交易中心实施监督。

3. 公平竞争原则

建立公平竞争的市场秩序是建设工程交易中心的一项重要原则。进驻的有关行政监督管理部门应严格监督招标、投标单位的行为，防止行业、部门垄断和不正当竞争，不得侵犯交易活动各方的合法权益。

4. 属地进入原则

按照我国有形建筑市场的管理规定，建设工程交易实行属地进入。每个城市原则上只能设立一个建设工程交易中心，特大城市可以根据需要，设立区域性分中心，在业务上受中心领导。对于跨省、自治区、直辖市的铁路、公路、水利等工程，可在政府有关部门的监督下，通过公告由项目法人组织招标投标。

5. 办事公正原则

建设工程交易中心是政府建设行政主管部门批准建立的服务性机构。须配合进驻的各行政管理部门做好相应的工程交易活动管理和服务工作。要建立监督制约机制，公开办事规则和程序，制定完善的规章制度和工作人员守则，发现建设工程交易活动中的违法违规行为，应当向政府有关管理部门报告，并协助进行处理。

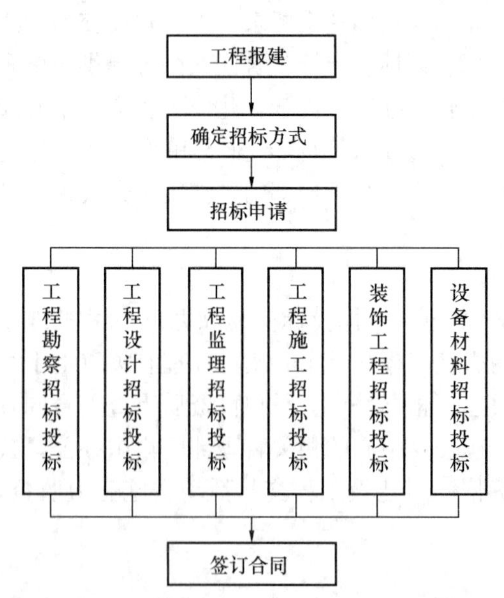

图 1-4　建设工程交易中心运行程序图

（五）建设工程交易中心运行程序

按照有关规定，建设项目进入建设工程交易中心后，一般按下列程序运行（图 1-4）。

（1）拟建工程得到计划管理部门立项（或计划）批准后，到中心办理报建备案手续。工程建设项目的报建内容主要包括：工程名称、建设地点、投资规模、资金来源、当年投资额、工程规模、工程筹建情况、计划开工和竣工日期等。

（2）报建工程由招标监督部门依据《中华人民共和国招标投标法》和有关规定确认招标方式。

（3）招标人依据《中华人民共和国招标投标法》和有关规定，履行建设项目包括项目的勘察、设计、工程监理、施工以及与工程建设有关的重要设备、材料等的招标投标程序。

1）由招标人组成符合要求的招标工作班子，招标人不具有编制招标文件和组织评标能力的，应委托招标代理机构办理有关招标事宜；

2）编制招标文件，招标文件应包括工程的综合说明、施工图纸等有关资料、工程量清单、工程价款执行的定额标准和支付方式、拟签订合同的主要条款等；

3）招标人向招投标监督部门进行招标申请，招标申请书的主要内容包括：建设单位的资格，招标工程具备的条件，拟采用的招标方式和对投标人的要求、评标方式等，并附招标文件；

4）招标人在建设工程交易中心统一发布招标公告，招标公告应当载明招标人的名称和地址、招标项目的性质、数量、实施地点和时间以及获取招标文件的办法等事项；

5）投标人申请投标；

6）招标人对投标人进行资格预审，并将审查结果通知各申请投标的投标人；

7）在交易中心向合格的投标人分发招标文件及设计图纸、技术资料等；

8）组织投标人踏勘现场，并对招标文件答疑；

9）建立评标委员会，制定评标、定标办法；

10）在交易中心接受投标人提交的投标文件，并同时开标；组织评标，决定中标人。

（4）签定承发包合同。

专项实训：认识建设工程交易中心

参观当地建设工程交易中心，让学生对建设工程的交易场所及功能等建立感性认识，为招投标综合能力训练和从事招标投标相关工作奠定基础。

1. 实践目的

学生通过参观，熟悉建设工程交易中心功能划分、机构设置、建设项目招标、投标在中心一般运作程序，了解我国建筑交易市场运行模式。体验了建设工程交易活动的过程。提高学生对建筑交易的认知能力。

2. 实践方式

参观、调研当地建设工程交易中心。

具体步骤：

（1）学生集体活动，由指导教师带队，参观、讲解方法：请建设工程交易中心工作人员介绍基本情况，使学生对中心有基本了解。

（2）学生分组活动：学生5～6人一组，由各组组长负责。参观、调查方法：学会以调查、问询、请教、收集为主，了解中心具体功能划分、机构设置；搜集相关资料，掌握建设项目招标、投标在中心一般运作程序。

3. 实践内容和要求

（1）认真完成参观日记。

（2）完成参观调研报告。

（3）实践总结。

小　　结

建筑工程市场是指以建筑产品承发包交易活动为主要内容的市场，也称作建设市场或建筑市场。建筑市场交易贯穿于建筑产品生产的整个过程。建筑市场的主体是指参与建筑生产交易过程的各方，主要有业主（建设单位或发包人）、承包商、工程咨询服务机构等。建筑市场的客体则为有形的建筑产品（建筑物、构筑物）和无形的建筑产品（咨询、监理等智力型服务）。

建设工程承发包是根据协议，作为交易一方的承包商（监理、勘察、设计、施工企业），负责为交易另一方的发包方（建设单位）完成某一项工程的全部或其中的一部分工作，并按一定的价格取得相应的报酬的一种交易行为。建设工程项目方式有工程项目总承发包、阶段承发包、专项（业）承发包。

建筑市场中的资质管理是对从业企业的资质管理和对专业人士的资格管理。

建设工程交易中心是政府或政府授权主管部门批准的非一般意义上的服务机构，按照我国有关规定，所有建设项目都要在建设工程交易中心内报建、发布招标信息、合同授予、申领施工许可证。它对国有投资的监督制约机制的建立、规范建设工程承发包行为、将建筑市场纳入法制化的管理轨道有着重要的作用，由于中心实行集中办公、公开办事的一条龙“窗口”服务，不仅有力地促进了工程招投标制度的推行，而且遏制了违法违规行为，对于防止腐败、提高管理透明度起到了显著的效果。

复习思考题

1. 什么是建筑市场？
2. 简述承发包的概念和方式分类？
3. 简述业主在项目建设过程中的主要职责有哪些？
4. 简述承包商的实力主要表现在哪些方面？
5. 简述建设工程交易中心的作用和运作程序？

第二章　建设工程招标投标概述

【能力目标、知识目标】

通过学习，掌握招标投标的概念、分类及特点，将建筑工程项目进行不同层次、不同内容的划分；重点掌握招标投标的适用范围、招标投标的主体资质；了解招标、投标的程序；通过专项实训，提高学生对建筑工程招标投标的综合认知能力。

第一节　概　　述

一、工程招标投标概念

建设工程招标投标是指建设单位或个人（即业主或项目法人）通过招标的方式，将工程建设项目的勘察、设计、施工、材料设备供应、监理等业务，一次或分部发包，由具有相应资质的承包单位通过投标竞争的方式承接。

整个招标投标过程，经过招标、投标和定标（决标）三个主要阶段。招标是招标人（建设单位）向特定或不特定的人发出通知说明建设工程的具体要求以及参加投标的条件、期限等，邀请对方在期限内提出报价。然后根据投标人提供的报价和其他条件，选择对自己最为有利的投标人作为中标人，并与之签订合同。如果招标人对所有的投标条件都不满意，也可以全部拒绝，宣布招标失败，并可另择日期，重新进行招标活动。直至选择最为有利的对象（称为中标人）并与之达成协议，建设工程招标投标活动即告结束。

二、我国建设工程招标投标产生与发展

新中国成立到20世纪70年代末，我国建筑业一直都采用行政手段指定施工单位，层层分配任务的办法。这种计划分配任务的办法，在当时促进国民经济全面发展曾起到重要作用，为我国的社会主义建设作出了重大贡献。随着社会的发展，此种方式已不能满足飞速发展的经济需要，为此，我国的建设工程招标投标工作经过了三个发展阶段，已形成了一个框架体系。推动着我国建设工程招标投标制度的进行。

第一阶段：制度初步建立（20世纪80年代）。20世纪80年代，我国招标投标经历了试行—推广—兴起的发展过程，招标投标主要侧重在宣传和实践，1984年国务院颁布暂行规定，提出改变行政手段分配建设任务，实行招标投标，大力推行工程招标承包制，同时原城乡建设环境保护部印发了建筑安装工程施工和设计招标投标的试行办法，根据这些规定，各地也相继制定了适合本地区的招标管理办法，开始探索我国的招标投标管理和操作程序。招标管理机构在全国各地陆续成立，这一阶段招标方式基本上以议标为主，工程交易活动比较分散，没有固定场所，招标投标很大程度上还流于形式，招标的公正性得不到有效监督，工程大多形成私下交易，暗箱操作，缺乏公开公平竞争。

第二阶段：制度规范发展（90年代）。20世纪90年代初期到中后期，全国各地普遍

加强对招标投标的管理和规范工作，也相继出台一系列法规和规章，招标方式已经从议标为主转变到以邀请招标为主，全国各省、自治区、直辖市、地级以上城市和大部分县级市都相继成立了招标投标监督管理机构，工程招标投标专职管理人员不断壮大，全国已初步形成招标投标监督管理网络，招标投标监督管理水平正在不断地提高；招标投标法制建设步入正轨，从1992年建设部第23号令的发布到1998年正式施行《建筑法》，从部分省的《建筑市场管理条例》和《工程建设招标投标管理条例》到各市制定的有关招标投标的政府令，都对全国规范建设工程招标投标行为和制度起到极大的推动作用，特别是有关招标投标程序的管理细则的陆续出台，为招标投标在公开、公平、公正下的顺利开展提供了有力保障；建设工程交易中心，也于1995年起在全国各地陆续开始建立，它把管理和服务有效的结合起来，初步形成以招标投标为龙头，相关职能部门相互协作的具有“一站式”管理和“一条龙”服务特点的建筑市场监督管理新模式，为招标投标制度的进一步发展和完善开辟了新的道路。工程交易活动已由无形转为有形，隐蔽转为公开，信息公开化和招标程序规范化，已有效遏制了工程建设领域的腐败行为，为在全国推行公开招标创造了有利条件。这一阶段是我国招标投标发展史上最重要的阶段。

第三阶段：制度不断完善。随着建设工程交易中心的有序运行和健康发展，全国各地开始推行建设工程项目的公开招标。《中华人民共和国招标投标法》根据我国投资主体的特点已明确规定我国的招标方式不再包括议标方式，这是个重大的转变，它标志着我国的招标投标的发展进入了全新的历史阶段。工程招标也从单一的土建安装延伸到道桥、装潢、建筑设备和工程监理等。招标投标管理全面纳入建设市场管理体系，其管理的手段和水平得到全面提高，正在逐步形成建设市场管理的“五结合”：一是专业人员监督管理与计算机辅助管理相结合；二是建筑现场管理与交易市场管理相结合；三是工程评优治劣与评标定标相结合；四是管理与服务相结合；五是规范市场与执法监督相结合。《中华人民共和合国招标投标法》的颁布实施，标志着我国建设工程招标投标步入了法制化的轨道。对于规范投融资领域的招标投标活动，保护国家利益、社会利益和招标投标活动当事人的合法权益，保证项目质量，降低项目成本，提高项目经济效益，具有深远的历史意义和重大的现实意义。

三、建设工程招标投标的分类及特点

建设工程招标投标的目的是在工程建设中引入竞争机制，择优选定勘察、设计、设备安装、施工、装饰装修、材料设备供应、监理和工程总承包单位，以保证缩短工期、提高工程质量和节约建设资金。

（一）建设工程招标投标的分类

（1）按照工程建设程序分类：建设项目可行性研究招标投标；建设工程勘察设计招标投标；建设工程施工招标投标；设备采购招标投标。

（2）按行业和专业分类：建设工程勘察、设计招标投标；土建工程施工招标投标；装饰工程施工招标投标；设备安装工程招标投标；建设监理招标投标；工程咨询招标投标；材料设备采购招标投标。

（3）按建设项目的组成分类：建设项目招标投标；单项工程招标投标；单位工程招标投标；分部分项工程招标投标。

（4）按工程承包的范围分类：建设工程总承包招标投标；工程分承包招标投标；工程专项承包招标投标。

（5）按工程涉外分类：国内工程招标投标；国际工程招标投标。

（二）建设工程各阶段招标投标的特点

工程招标投标特点是：①通过竞争机制，实行交易公开；②鼓励竞争、防止垄断、优胜劣汰，实现投资效益；③通过科学合理和规范化的监管机制与运作程序，可有效地杜绝不正之风，保证交易的公正和公平；④政府及公共采购领域通常推行强制性公开招标的方式来择优选择承包商和供应商。但由于各类建设工程招标投标的内容不尽相同，因而它们有不同的招标投标意图或侧重点，在具体操作上也有细微的差别，呈现出不同的特点。

1. 工程勘察设计阶段招标投标的特点

工程勘察招标投标的主要特点是：①有批准的项目建议书或者可行性研究报告、规划部门同意的用地范围许可文件和要求的地形图；②采用公开招标或邀请招标方式；③申请办理招标登记，招标人自己组织招标或委托招标代理机构代理招标，编制招标文件，对投标单位进行资格审查，发放招标文件，组织勘察现场和进行答疑，投标人编制和递交投标书，开标、评标、定标，发出中标通知书，签订勘察合同；④在评标、定标上，着重考虑勘察方案的优劣，同时也考虑勘察进度的快慢，勘察收费依据与取费的合理性、正确性，以及勘察资历和社会信誉等因素。

工程设计招标投标的主要特点是：①设计招标在招标的条件、程序、方式上，与勘察招标相同；②在招标的范围和形式上，主要实行设计方案招标，可以是一次性总招标，也可以分单项、分专业招标；③在评标、定标上，强调把设计方案的优劣作为择优、确定中标的主要依据，同时也考虑设计经济效益的好坏、设计进度的快慢、设计费报价的高低以及设计资历和社会信誉等因素；④中标人应承担初步设计和施工图设计，经招标人同意也可以向其他具有相应资格的设计单位进行一次性委托分包。

2. 工程施工招标投标的特点

建设工程施工是指把设计图纸变成预期的建筑产品的活动。施工招标投标是目前我国建设工程招标投标中开展得比较早、比较多、比较好的一类，其程序和相关制度具有代表性、典型性，甚至可以说，建设工程其他类型的招标投标制度，都是承袭施工招标投标制度而来的。其特点主要是：①在招标条件上，比较强调建设资金的充分到位；②在招标方式上，强调公开招标、邀请招标，议标方式受到严格限制甚至被禁止；③在投标和评标定标中，要综合考虑价格、工期、技术、质量、安全、信誉等因素，价格因素所占分量比较突出，可以说是关键一环，常常起决定性作用。

3. 工程建设监理招标投标的特点

工程建设监理是指具有相应资质的监理单位和监理工程师，受建设单位或个人的委托，独立对工程建设过程进行组织、协调、监督、控制和服务的专业化活动。工程建设监理招标投标的主要特点是：①在性质上属工程咨询招标投标的范畴；②在招标的范围上，可以包括工程建设过程中的全部工作，如项目建设前期的可行性研究、项目评估等，项目实施阶段的勘察、设计、施工等，也可以只包括工程建设过程中的部分工作，通常主要是施工监理工作；③在评标定标上，综合考虑监理规划（或监理大纲）、人员素质、监理业绩、监理取费、检测手段等因素，但其中最主要的考虑因素是人员素质，分值所占比重较大。

4. 材料设备采购招标投标的特点

建设工程材料设备是指用于建设工程的各种建筑材料和设备。材料设备采购招标投标的主要特点是：①在招标形式上，一般应优先考虑在国内招标；②在招标范围上，一般为大宗的而不是零星的建设工程材料设备采购，如锅炉、电梯、空调等的采购；③在招标内容上，可以就整个工程建设项目所需的全部材料设备进行总招标，也可以就单项工程所需材料设备进行分项招标或者就单件（台）材料设备进行招标，还可以进行从项目的设计，材料设备生产、制造、供应和安装调试到试用投产的工程技术材料设备的成套招标；④在招标中，一般要求做标底，标底在评标、定标中具有重要意义；⑤允许具有相应资质的投标人就部分或全部招标内容进行投标，也可以联合投标，但应在投标文件中明确一个总牵头单位承担全部责任。

5. 工程总承包招标投标的特点

工程总承包，简单地讲，是指对工程全过程的承包。按其具体范围，可分为三种情况：一是对工程建设项目从可行性研究、勘察、设计、材料设备采购、施工、安装直到竣工验收、交付使用、质量保修等的全过程实行总承包，由一个承包商对建设单位或个人负总责，建设单位或个人一般只负责提供项目投资、使用要求及竣工、交付使用期限。这也就是所谓交钥匙工程。二是对工程建设项目实施阶段从勘察、设计、材料设备采购、施工、安装，直到交付使用等的全过程实行一次性总承包。三是对整个工程建设项目的某一阶段（如施工）或某几个阶段（如设计、施工、材料设备采购等）实行一次性总承包。工程总承包招标投标的主要特点是：①它是一种带有综合性的全过程的一次性招标投标；②投标人在中标后应当自行完成中标工程的主要部分（如主体结构等），对中标工程范围内的其他部分，经发包人同意，有权作为招标人组织分包招标投标或依法委托具有相应资质的招标代理机构组织分包招标投标，并与中标的分包投标人签订工程分包合同；③分承包招标投标的运作一般按照有关总承包招标投标的规定执行。

（三）建设工程招标投标工作的基本原则

1. 合法原则

合法原则是指建设工程招标投标主体的一切活动，必须符合法律、法规、规章和有关政策的规定。即：①主体资格要合法。招标人必须具备一定的条件才能自行组织招标，否则只能委托具有相应资格的招标代理机构组织招标，投标人必须具有与其投标的工程相适应的资格等级，并经招标人资格审查，报建设工程招标投标管理机构进行资格复查；②活动依据要合法。招标投标活动应按照相关的法律、法规、规章和政策性文件开展；③活动程序要合法。建设工程招标投标活动的程序，必须严格按照有关法规规定的要求进行。当事人不能随意增加或减少招标投标过程中某些法定步骤或环节，更不能颠倒次序、超过时限、任意变通；④对招标投标活动的管理和监督要合法。建设工程招标投标管理机构必须依法监管、依法办事，不能越权干预招（投）标人的正常行为或对招（投）标人的行为进行包办代替，也不能懈怠职责、玩忽职守。

2. 统一、开放原则

统一原则是指：①市场必须统一。任何分割市场的做法都是不符合市场经济规律要求的，也是无法形成公平竞争的市场机制的。②管理必须统一。要建立和实行由建设行政主管部门（建设工程招标投标管理机构）统一归口管理的行政管理体制。在一个地区只能有一个主管部门履行政府统一管理的职责。③规范必须统一。如市场准入规则的统一，招标文件文本的统一，合同条件的统一，工作程序、办事规则的统一等。只有这样，才能真正发挥市场机制的作用，全面实现建设工程招标投标制度的宗旨。

开放原则，要求根据统一的市场准入规则，打破地区、部门和所有制等方面的限制和束缚，向全社会开放建设工程招标投标市场，破除地区和部门保护主义，反对一切人为的对外封闭市场的行为。

3. 公开、公平、公正原则

公开原则，是指建设工程招标投标活动应具有较高的透明度。具体有以下几层意思：①建设工程招标投标的信息公开。通过建立和完善建设工程项目报建登记制度，及时向社会发布建设工程招标投标信息，让有资格的投标者都能享受到同等的信息。②建设工程招标投标的条件公开。什么情况下可以组织招标，什么机构有资格组织招标，什么样的单位有资格参加投标等，必须向社会公开，便于社会监督。③建设工程招标投标的程序公开。在建设工程招标投标的全过程中，招标单位的主要招标活动程序、投标单位的主要投标活动程序和招标投标管理机构的主要监管程序，必须公开。④建设工程招标投标的结果公开。哪些单位参加了投标，最后哪个单位中了标，应当予以公开。

公平原则，是指所有投标人在建设工程招标投标活动中，享有均等的机会，具有同等的权利，履行相应的义务，任何一方都不受歧视。

公正原则，是指在建设工程招标投标活动中，按照同一标准实事求是地对待所有的投标人，不偏袒任何一方。

4. 诚实信用原则

诚实信用原则，是指在建设工程招标投标活动中，招（投）标人应当以诚相待，讲求信义，实事求是，做到言行一致，遵守诺言，履行成约，不得见利忘义，投机取巧，弄虚作假，隐瞒欺诈，损害国家、集体和其他人的合法权益。诚实信用原则是市场经济的基本前提，是建设工程招标投标活动中的重要道德规范。

5. 求效、择优原则

求效、择优原则，是建设工程招标投标的终极原则。实行建设工程招标投标的目的，就是要追求最佳的投资效益，在众多的竞争者中选出最优秀、最理想的投标人作为中标人。讲求效益和择优定标，是建设工程招标投标活动的主要目标。在建设工程招标投标活动中，除了要坚持合法、公开、公正等前提性、基础性原则外还必须贯彻求效、择优的目的性原则。贯彻求效、择优原则，最重要的是要有一套科学合理的招标投标程序和评标定标办法。

6. 招标投标权益不受侵犯原则

招标投标权益是当事人和中介机构进行招标投标活动的前提和基础，因此，保护合法的招标投标权益是维护建设工程招标投标秩序、促进建筑市场健康发展的必要条件。建设工程招标投标活动当事人和中介机构依法享有的招标投标权益，受国家法律的保护和约束。任何单位和个人不得非法干预招标投标活动的正常进行，不得非法限制或剥夺当事人和中介机构享有的合法权益。

第二节　招标投标适用的范围

一、《中华人民共和国招标投标法》简介

招标投标法是规范招标投标活动，调整在招标投标过程中产生的各种关系的法律法规的总称。

《中华人民共和国招标投标法》立法目的主要有以下几点：

1. 规范招标投标活动

改革开放以来，我国的招标投标事业取得了长足的进展，推行的领域不断拓宽，发挥的作用日趋明显。但是还存在不少问题，如推行招标投标的力度不够；招标投标程序不规范；招标投标中的不正当交易和腐败现象、行贿受贿、钱权交易等违法犯罪行为时有发生。究其原因主要是招标投标活动程序和监督体系不规范。因此，《中华人民共和国招标投标法》用了最大的篇幅规定招标投标程序。

2. 保护国家利益、社会公共利益以及招标和投标活动当事人的合法权益

保护国家利益、社会公共利益以及招标和投标活动当事人的合法权益是本法立法的最直接的目的。对规避招标、串通投标、转让中标项目等各种非法行为作出了处罚规定，并通过行政监督部门依法实施监督，允许当事人提出异议或投诉，来保障国家利益、社会公共利益和招标投标活动当事人的合法权益。

3. 提高经济效益

招标的最大特点是通过集中采购，让众多的投标人进行竞争，以最低或较低的价格获得最优的货物、工程或服务。

4. 保证项目的质量

由于招标是按公开、公平和公正的原则进行的，将采购活动置于透明的环境之中，不仅有效地防止了腐败行为的发生，也使工程、设备等采购项目的质量得到了保证。

二、《中华人民共和国招标投标法》的内容

《中华人民共和国招标投标法》共计六章，68 条，即：

第一章　总则（7 条）

第二章　招标（17 条）

第三章　投标（9 条）

第四章　开标、评标和中标（15 条）

第五章　法律责任（16 条）

第六章　附则（4 条）

概括而言，其主要内容有：关于强制性招标的规定；招标投标的程序；行政主管部门的监督管理内容以及法律的责任的规定。

三、招标投标适用的范围

1. 对于工程建设项目招标的范围，我国在 2000 年 1 月 1 日起施行的《中华人民共和

国招标投标法》中规定，“在中华人民共和国境内进行下列工程建设项目的勘察、设计、施工、监理以及与工程建设有关的重要设备、材料等的采购，必须进行招标”。具体必须招标的建设工程项目范围如下：

（1）大型基础设施、公用事业等关系社会公共利益、公众安全的项目；

（2）全部或者部分使用国有资金投资或者国家融资的项目；

（3）使用国际组织或者外国政府贷款、援助资金的项目。

前款所列项目的具体范围和规模标准，由国务院发展计划部门会同国务院有关部门制定，报国务院批准。

我国目前对工程建设项目招标范围的界定，招标投标法只是一个原则性的规定，针对这种情况，原国家发展计划委员会制定发布了《工程建设项目招投标范围和规模标准化规定》指明了进行招标的工程建设的具体范围和规模标准，具体范围见表2-1。

我国建设工程招标范围 **表2-1**

序号	项目类别	具 体 范 围
1	关系社会公共利益、公众安全的基础设施项目	（1）煤炭、石油、天然气、电力、新能源等能源项目 （2）铁路、公路、管道、水运、航空以及其他交通运输业等交通运输项目 （3）邮政、电信枢纽、通信、信息网络等邮电通讯项目 （4）防洪、灌溉、排涝、引（供）水、滩涂治理、水土保持、水利枢纽等水利项目 （5）道路、桥梁、地铁和轻轨交通、污水排放及处理、垃圾处理、地下管道、公共停车场等城市设施项目 （6）生态环境保护项目 （7）其他基础设施项目
2	关系社会公共利益、公众安全的公用事业项目	（1）供水、供电、供气、供热等市政工程项目 （2）科技、教育、文化等项目 （3）体育、旅游等项目 （4）卫生、社会福利等项目 （5）商品住宅，包括经济适用房 （6）其他公用事业项目
3	使用国家资金投资项目	（1）使用各级财政预算资金的项目 （2）使用纳入财政管理的各种政府性专项建设资金的项目 （3）使用国有企业事业单位自有资金，并且国有资产投资者实际拥有控制权的项目
4	国家融资项目	（1）使用国家发行债券所筹资金的项目 （2）使用国家对外借款或者担保所筹资金的项目 （3）使用国家政策性贷款的项目 （4）国家授权投资主体融资的项目 （5）国家特许的融资项目
5	使用国际组织或者外国政府资金的项目	（1）使用世界银行、亚洲开发银行等国际组织贷款的项目 （2）使用外国政府及其机构贷款的项目 （3）使用国际组织或者外国政府援助资金的项目

2. 招标的限额规定

原国家发展计划委员会发布的《工程建设项目招标范围和规模标准规定》指明：各类

工程建设项目，包括项目的勘察、设计、施工、监理以及与工程的重要设备、材料等的采购，达到下列标准之一的，必须进行招标：

（1）施工单项合同估算在200万元人民币以上；

（2）重要设备、材料等货物的采购，单项合同估算价在100万人民币以上的；

（3）勘察、设计、监理等服务的采购，单项合同估算价在50万元人民币以上的；

（4）单项合同估算低于上述三项规定的标准，但项目总投资额在3000万人民币以上的。

3. 可不参加招标的建设项目范围

（1）涉及国家安全、国家秘密、抢险救灾或者属于利用扶贫资金实行以工代赈，需要使用农民工等特殊情况，不适宜进行招标的项目，按照国家有关规定可以不进行招标。

（2）使用国际组织或者外国政府贷款援助资金的项目进行招标，贷款人，资金提供人对招标投标的具体条件和程序有不同规定，可以使用其规定，但违背中华人民共和国的社会公共利益的除外。

（3）建设项目的勘察、设计采用特定专利或专有技术的，或者其建筑艺术造型有特殊要求的，经项目主管部门批准，可以不进行招标。

（4）施工企业自建自用的工程，且该施工企业资质等级符合工程要求的；在建工程追加的附属小型工程或者主体加层工程，原中标人仍具备承包能力的。

（5）停建或者缓建后恢复建设的单位工程，且承包方未发生变更的。

根据我国的实际情况，允许各地区自行确定本地区招标的具体范围和规模标准，但不得缩小原国家计划委员会所确定的必须招标的范围。目前，全国各地建设工程的招标范围不完全相同，但各地区人民政府所规定的招标范围之内的工程，必须进行招标，任何不依法招标或化整为零、规避招标的行为，将承担相应的法律责任。在此范围之外的工程，本着业主自愿的原则，决定是否招标，但建设行政主管部门，不得拒绝其招标要求。

4. 建设工程招标的条件

（1）按照国家有关需要履行项目审核手续的，已经履行审核手续。

（2）工程资金或者资金来源已经落实。

（3）有满足施工招标需要的设计文件及其他技术资料。

（4）法律、法规、规章制度的其他条件。

第三节　建设工程招标投标主体

建设工程的招标投标主体包括：建设工程招标人，建设工程投标人，建设工程招标代理机构，建设工程招标投标行政监管机关。

一、招标人

1. 概念

建设工程招标人是依法提出招标项目、进行招标的法人或者其他组织。它是建设工程项目的投资人（即业主或建设单位）。业主或建设单位包括各类企业单位、事业单位、机关、团体、合资企业、独资企业和外国企业以及企业分支机构等。

2. 招标人资质

（1）招标人应当有进行招标项目的相应资金或者资金来源已经落实，并应当在招标文件中如实载明。

（2）招标人具有编制招标文件和组织评标能力的，必须设立专门的招标组织办理招标事宜。但对于强制性招标项目，自行办理招标事宜的，应当向有关行政监督部门备案。

（3）招标人有权自行选择招标代理机构，委托其办理招标事宜。招标代理机构是依法设立、从事招标代理业务并提供相关服务的社会中介组织。

3. 施工招标的招标人应当具备的条件

根据原国家计委关于《工程建设项目自行招标试行办法》（2000 年 7 月）规定：招标人自行办理招标事宜，应当具有编制招标文件和组织评标的能力，具体包括：

（1）具有项目法人资格；

（2）具有与招标项目规模和复杂程度相适应的工程技术、概预算、财务和工程管理方面专业技术力量；

（3）有从事同类工程建设项目招标的经验；

（4）设有专门的招标机构或者拥有 3 名以上专职招标业务人员；

（5）熟悉和掌握招标投标法及有关法律法规。

4. 招标人的权益和职责

（1）招标人享有的权益有：

1）自行组织招标或委托招标代理机构进行招标；

2）自由选择招标代理机构并核验其资质证明；

3）要求投标人提供有关资质情况的资料；

4）确定评标委员会，并根据评委会推荐的候选人确定中标人。

（2）招标人的职责有：

1）不得侵犯投标人、中标人、评标委员会等的合法权益；

2）委托招标代理机构进行招标时，应向其提供招标所需的有关资料和支付委托费；

3）接受招标投标行政监督部门的监督管理；

4）与中标人订立与履行合同。

二、投标人

1. 概念

建设工程投标人是建设工程招标投标活动中的另一主体，它是指响应招标并购买招标文件，参加投标的法人或其他组织。投标人应当具备承担招标项目的能力。参加投标活动必须具备一定的条件，不是所有感兴趣的法人或其他组织都可以参加投标。建设工程投标人主要是指：勘察设计单位、施工企业、建筑装饰装修企业、工程材料设备供应（采购）单位、工程总承包单位以及咨询、监理单位等。

2. 投标人资质

建设工程投标人的投标资质，是指建设工程投标人参加投标所必须具备的条件和素质，包括资历、业绩、人员素质、管理水平、资金数量、技术力量、技术装备、社会信誉等几个方面。对建设工程投标人的投标资质进行管理，主要是政府主管机构对建设工程投标人的投标资质，提出认定和划分标准，确定具体等级，发放相应证书，并对证书的使用进行监督检查。由于我国已对从事勘察、设计、施工、建筑装饰装修、工程材料设备供应、工程总承包以及咨询、监理等活动的单位实行了从业资格认证制度，以上单位必须依法取得相应等级的资质证书，并在其资质等级许可的范围内从事相应的工程建设活动。

（1）工程勘察设计单位的投标资质

工程勘察设计单位参加建设工程勘察设计招标投标活动，必须持有相应的勘察设计资质证书，并在其资质证书许可的范围内进行。工程勘察设计单位的专业技术人员参加建设工程勘察设计招标投标活动，应持有相应的执业资格证书，并在其执业资格证书许可的范围内进行。

（2）施工企业和项目经理的投标资质

施工企业参加建设工程施工招标投标活动，应当按照其资质等级证书许可的范围进行。少数市场信誉好、素质较高的企业，在征得业主同意和工程所在地省、自治区、直辖市建设行政主管部门批准后，可适度超出资质证书所核定的承包工程范围投标承揽工程。施工企业的专业技术人员参加建设工程施工招标投标活动，应持有相应的执业资格证书，并在其执业资格证书许可的范围内进行。

此外，在建设工程项目招标投标中，国内实行项目经理认证制度。项目经理是一种岗位职务，它是指受企业法定代表人委托对工程项目全过程全面负责的项目管理者，是企业法定代表人在工程项目上的代表。因此，要求企业在投标承包工程时，应同时报出承担工程项目管理的项目经理的资质情况，接受招标人的审查和招标投标管理机构的复查。没有与工程规模相适应的项目经理资质证书的，不得参与投标和承接工程任务。

项目经理岗位应由具有一级注册建造师或二级注册建造师承担。按照住房和城乡建设部颁布的《建筑业企业资质等级标准》，一级注册建造师可以担任特级、一级建筑业企业资质的建设工程项目施工的项目经理；二级建造师可以担任二级及以下建筑业企业资质的建设工程项目施工的项目经理。工作年限、施工经验和职称符合住房和城乡建设部有关规定的施工企业人员。

一个项目经理原则上只能承担一个与其资质等级相适应的工程项目的管理工作，不得同时兼管多个工程。但当其负责管理的施工项目临近竣工阶段，经建设单位同意，可以兼任另一项工程的项目管理工作。在中标工程的实施过程中，因施工项目发生重大安全、质量事故或项目经理违法、违纪时需要更换项目经理的，企业应提出有与工程规模相适应资质的项目经理人选，征得建设单位的同意后，方可更换，并报原招标投标管理机构备案。

（3）建设监理单位的投标资质

建设监理单位参加建设工程监理招标投标活动，必须持有相应的建设监理资质证书，并在其资质证书许可的范围内进行。建设监理单位的专业技术人员参加建设工程监理招标投标活动，应持有相应的执业资格证书，并在其执业资格证书许可的范围内进行。

（4）建设工程材料设备供应单位的投标资质

建设工程材料设备供应单位，包括具有法人资格的建设工程材料设备生产、制造厂家，材料设备公司、设备成套承包公司等。目前，我国对建设工程材料设备供应单位实行资质管理的，主要是混凝土预制构件生产企业、商品混凝土生产企业和机电设备成套供应单位。

混凝土预制构件生产企业和商品混凝土生产企业参加建设工程材料设备招标投标活动必须持有相应的资质证书，并在其资质证书许可的范围内进行。混凝土预制构件生产企业、商品混凝土生产企业的专业技术人员参加建设工程材料设备招标投标活动，应持有相应的执业资格证书，并在其执业资格证书许可的范围内进行。

机电设备成套供应单位参加建设工程材料设备招标投标活动，必须持有相应的资质证书，并在其资质证书许可的范围内进行。机电设备成套供应单位的专业技术人员参加建设工程材料设备招标投标活动，应持有相应的执业资格证书，并在其执业资格证书许可的范围内进行。

（5）工程总承包单位的投标资质

工程总承包（又称工程总包）是指业主将一个建设项目的勘察、设计、施工、设备采购等全过程或者其中某一阶段或多个阶段的全部工作，发包给一个总承包商，由该总承包商统一组织实施和协调，对业主负全面责任。工程总承包是相对于工程分承包（又称分包）而言的，工程分承包是指总承包商将承包工程中的部分工程发包给具有相应资质的分承包商，分承包商不与业主发生直接经济关系，而在总承包商统筹协调下完成分包工程任务，对总承包商负责。

工程总承包单位，按其总承包业务范围，可以分为项目全过程总承包单位、勘察总承包单位、设计总承包单位、施工总承包单位、材料设备采购总承包单位等。目前我国对工程总承包单位实行资质管理的，主要是勘察设计总承包单位、施工总承包单位等。

工程总承包单位参加工程总承包招标投标活动，必须具有相应的工程总承包资质，并在其资质证书许可的范围内进行。工程总承包单位的专业技术人员参加建设工程总承包招标投标活动，应持有相应的执业资格证书，并在其执业资格证书许可的范围内进行。

3. 投标人的条件

投标人通常应具备的基本条件有：

（1）必须有与招标文件要求相适应的人力、物力和财力；

（2）必须有符合招标文件要求的资质证书和相应的工作经验与业绩证明；

（3）符合法律、法规规定的其他条件。

4. 投标人的权益和职责

（1）投标人的权益

①平等地获得招标信息；

②要求招标人或招标代理机构对招标文件的疑难进行解释；

③控告、检举招标过程中的违法行为。

（2）投标人的职责

①保证所提供的投标文件的真实性；

②按照招标人或招标代理机构的合理要求对投标文件进行答疑；

③提供投标担保；

④中标后与招标人订立合同，未经招标人同意不得转让合同或订立分包合同。

三、建设工程招标代理机构

1. 概念

建设工程招标代理，是指建设工程招标人，将建设工程招标事务，委托给相应中介服务机构，由该中介服务机构在招标人委托授权的范围内，以委托的招标人的名义，向他人独立进行建设工程招标投标活动，由此产生的法律效果直接归属于委托的招标人的一种制度。

建设工程招标代理机构，是指受招标人的委托，代为从事招标组织活动的中介组织。它必须是依法成立，从事招标代理业务并提供相关服务，实行独立核算、自负盈亏，具有法人资格的社会中介组织，如工程招标公司、工程招标（代理）中心、工程咨询公司等。

目前全国共有专门从事招标代理业务的机构数百家。这些招标代理机构拥有专门的人才和丰富的经验，对于那些初次接触招标、招标项目不多或自身力量不足的项目单位来说，具有很大的吸引力。随着招标投标工作在我国的开展，招标代理机构发展很快，数量呈不断上升趋势。在建设工程招标投标中发挥着越来越重要的作用。

2. 资质

建设工程招标代理机构的资质是指从事招标代理活动应当具备的条件和素质，包括技术力量、专业技能、人员素质、技术装备、服务业绩、社会信誉、组织机构和注册资金等几个方面的要求。招标代理人从事招标代理业务，必须依法取得相应的招标资质等级证书，并在其资质等级证书许可的范围内，开展相应的招标代理业务。

我国对招标代理机构的条件和资质有专门规定。招标代理人应当具备下列条件：

（1）有从事招标代理业务的营业场所和相应资金；

（2）有能够编制招标文件和组织评标的相应专业力量；

（3）具有可以作为评标委员会成员人选的技术、经济等方面的专家库，此专家库中的“专家”应是从事相关领域工作满八年并具有高级职称或者具有同等专业水平，由招标人从国务院有关部门或者省、自治区、直辖市人民政府有关部门提供的专家名册或招标代理机构的专家库内的专家名单中确定。一般招标项目的“专家”采取随机抽取方式确定，特殊招标项目可以由招标人直接确定。

（4）有健全的组织机构和内部管理的规章制度。

从事工程建设项目招标代理业务的招标代理人，其资质由国务院或省、自治区、直辖市建设行政主管部门认定。工程招标代理机构的代理资质分为甲、乙级。

对于中央投资项目进行招标代理机构的资格，必须符合国家发展改革委第 36 号令《中央投资项目招标代理机构资格认定管理办法》的规定。

3. 招标代理机构的权益和职责

招标代理机构是独立核算、自负盈亏的从事招标代理业务的社会中介组织，它必须依法取得法定的招标代理资质等级证书，并受招标人委托开展招标代理活动。其权益有：

（1）组织和参与招投标活动，其行为对招标人或投标人产生效力；

（2）依据招标文件规定，审定投标人的资质；

（3）依法收取招标代理费。

招标代理机构的职责

（1）依据其招标代理资质等级从事相应的招标代理业务；

（2）维护招标人和投标人的合法权益；

（3）组织编制、解释招标文件或投标文件；

（4）接受招标投标行政监督部门的监督管理。

四、招标投标行政监管机构

1. 监管体系

建设工程招标投标涉及国家利益、社会公共利益和公众安全，因而必须对其实行强有力的政府监管。我国实行由住房和城乡建设部作为全国最高招标投标管理机构，在住房和城乡建设部的统一监管下，实行省、市、县（市）三级建设行政主管部门对所管辖行政区内的建设工程招标投标分级属地管理，它有利于提高招标投标工作效率和质量。

2. 行政监管机构

（1）概念

建设工程招标投标监管机构，是指经政府或政府主管部门批准设立的隶属于同级建设行政主管部门的省、市、县（市）建设工程招标投标办公室。

各级建设工程招标投标监管机关，从机构设置、人员编制来看，其性质通常都是代表政府行使行政监管职能的事业单位。建设行政主管部门与建设工程招标投标监管机关之间是领导与被领导关系。省、市、县（市）招标投标监管机关的上级与下级之间有业务上的指导和监督关系。这里必须强调的是，工程招标投标监管机关必须与建设工程交易中心和工程招标代理机构实行机构分设，职能分离。

建设工程招标投标监管机关的职权，概括起来可分为两个方面：一方面是承担具体负责建设工程招标投标管理工作的职责。也就是说，建设行政主管部门作为本行政区域内建设工程招标投标工作统一归口管理部门的职责，具体是由招标投标监管机关来全面承担的。这时，招标投标监管机关行使职权是在建设行政主管部门的名义下进行的。另一方面，是在招标投标管理活动中享有可独立以自己的名义行使的管理职权。

（2）工作程序

行政监管机构的工作程序是：

①办理建设工程项目报建登记。②审查发放招标组织资质证书、招标代理人及标底编制单位的资质证书。③接受招标人申报的招标申请书，对招标工程应当具备的招标条件、招标人的招标资质或招标代理人的招标代理资质、采用的招标方式进行审查认定。④接受招标人申请的招标文件并对其进行审查认定。⑤对投标人的投标资质进行复查。⑥对标底进行审查，也可委托建设银行及其他有能力的单位审核后再审定。⑦对评标定标办法及全过程进行现场监督。⑧核发中标通知书。⑨调解招标人和投标人在招标投标活动中或履行合同过程中发生的纠纷。⑩查处建设工程招标投标方面的违法行为，依法委托实施相应的行政处罚。

第四节　招标投标程序

《中华人民共和国招标投标法》规定的招标投标的程序为招标、投标、开标、评标、定标和订立合同等六大程序。招标投标的程序如图 2-1 所示。

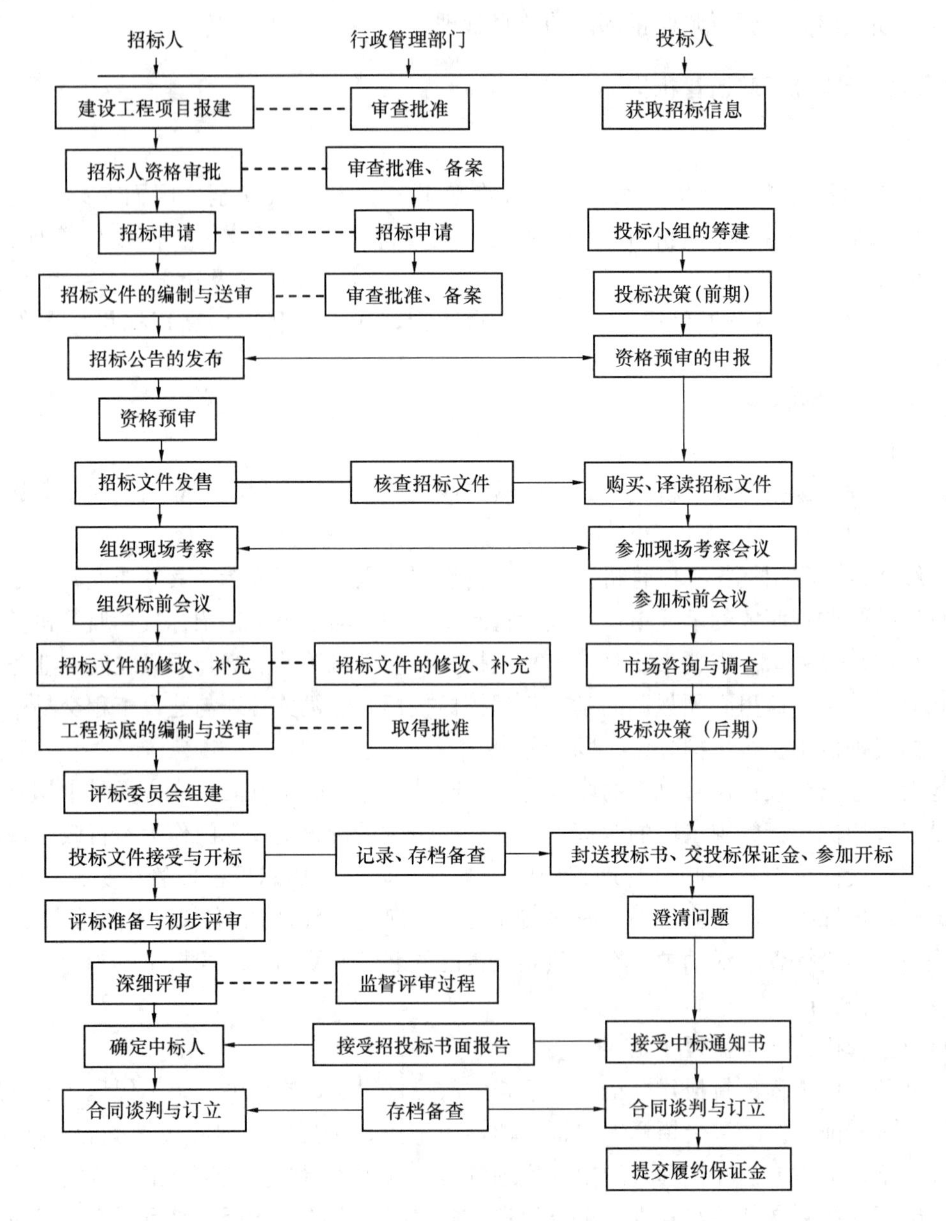

图 2-1　公开招标投标程序

一、建设工程施工招标程序

（一）建设工程施工招标条件

建设部 1992 年颁发的《工程建设施工招标投标管理办法》对建设单位及建设项目的招标条件作了明确规定，其目的在于规范招标单位的行为，确保招标工作有条不紊地进行，稳定招投标市场的秩序。

1. 建设单位招标应当具备的条件

（1）招标单位是法人或依法成立的其他组织；

（2）有与招标工程相适应的经济、技术、管理人员；

（3）有组织编制招标文件的能力；

（4）有审查投标单位资质的能力；

（5）有组织开标、评标、定标的能力。

不具备上述（2）～（5）项条件的，须委托具有相应资质的咨询、监理等单位代理招标。

2. 建设项目招标应当具备的条件

（1）概算已经批准；

（2）建设项目已经正式列入国家、部门或地方的年度固定资产投资计划；

（3）建设用地的征用工作已经完成；

（4）有能够满足施工需要的施工图纸及技术资料；

（5）建设资金和主要建筑材料，设备的来源已经落实；

（6）已经建设项目所在地规划部门批准，施工现场、"三通一平"已经完成或一并列入施工招标范围。

上述规定的主要目的在于促使建设单位严格按基本建设程序办事，防止"三边"工程的现象发生，并确保招标工作的顺利进行。

（二）建设工程施工招标的方式

我国规定国内工程施工招标应采用公开招标和邀请招标两种方式。其中又以公开招标为主要方式。

1. 公开招标

公开招标是指招标人通过报刊、广播、电视、信息网络或其他媒介公开发布招标公告的方式，邀请不特定的法人或者其他组织参加投标。所有符合条件的供应商或者承包商都可以平等参加投标竞争，招标人从中择优选择中标者的招标方式。公开招标的方式一般对投标人的数量不予限制，故又称无限竞争性招标。

公开招标的优点是能有效地防止腐败，为潜在的投标人提供均等的机会，能最大限度引起竞争，达到节约建设资金、保证工程质量、缩短建设工期的目的。但是公开招标也存在着工作量大，周期长，花费人力、物力、财力多等方面的不足。我国规定，对国民经济或本地经济和社会发展有重大影响的大中型重点项目，应当采用公开招标的方式。对于有些不适宜公开招标的重点项目，经批准可采用邀请招标的方式。

2. 邀请招标

邀请招标是指招标人用投标邀请书的方式邀请特定的法人或者其他组织投标。邀请招标又称有限竞争性招标，是一种由招标人选择若干符合招标条件的供应商或承包商，向其发出投标邀请，由被邀请的供应商、承包商投标竞争，从中选定中标者的招标方式。邀请招标的特点是：①招标人在一定范围内邀请特定的法人或其他组织投标。为了保证招标的竞争性，邀请招标必须向三个以上具备承担招标项目能力并且资信良好的投标人发出邀请书。②邀请招标不需发布公告，招标人只要向特定的投标人发出投标邀请书即可。接受邀请的人才有资格参加投标，其他人无权索要招标文件，不得参加投标。

邀请招标虽然在潜在投标人的选择上和通知形式上与公开招标不同，但其所适用的程序和原则与公开招标是相同的，其在开标、评标标准等方面都是公开的，因此，邀请招标仍不失其公开性。

3. 公开招标和邀请招标方式的主要区别

（1）发布信息的方式不同。公开招标是招标人在国家指定的报刊、电子网络或其他媒体上发布招标公告。如《经济日报》、《人民日报（海外版）》、《中国日报》和工程所在地的地方报如《北京日报》等报刊；世行、亚行贷款项目招标信息还可以在《联合国发展论坛》发表，又如电子网络有"中国采购与招标信息网"（http/www.chinabidding.gov.cn）。邀请招标采用投标邀请书的形式发布。

（2）竞争的范围或效果不同。公开招标使用招标公告的形式，针对的是一切潜在的投标人，竞争的范围较广，竞争的优势发挥较好，容易获得最优招标效果。而邀请招标的竞争范围有限，从而可能提高中标价或者遗漏某些在技术上、报价上更有优势的潜在投标人。

（3）时间和费用不同。邀请招标的潜在投标人的数量是有限的。一般为 3～10 家（不能少于 3 家），同时又是招标人自己选择的，无需进行或大大减少资格预审的工作，从而有利于缩短招标的时间和减少招标的费用。而公开招标方式的资格预审工作量很大。

（4）中标可能性的大小不同。国际的公开招标中发展中国家中标的可能性小。

（三）建设工程施工招标的程序

1. 程序

建设工程施工招标程序主要是指招标工作在时间和空间上应遵循的先后顺序，招投标是一个整体活动，涉及业主和承包商两个方面，招标作为整体活动的一部分主要是从业主的角度揭示其工作内容，但同时又须注意到招标与投标活动的关联性，不能将两者割裂开来。

所谓招标程序是指招标活动的内容的逻辑关系，不同的招标方式，具有不同的活动内容。

建设工程施工项目公开招标的程序分为 6 大步骤，即建设项目报建；编制招标文件；投标者的资格预审；发放招标文件；开标、评标与定标；签订合同。建设工程施工公开招标工作程序如图 2-2 所示。邀请招标程序可参照公开招标程序进行。

2. 建筑工程施工招标程序的主要内容

（1）建设工程项目报建

根据《工程建设项目报建管理办法》的规定凡在我国境内投资兴建的工程建设项目，都必须实行报建制度，接受当地建设行政主管部门的监督管理。

建设工程项目的立项批准文件或年度投资计划下达后，按照有关规定，须向建设行政主管部门的招标投标行政监管机关报建备案。建设工程项目报建备案后，经审批具备招标条件的建设工程项目，即可开始办理建设单位资质审查。凡未报建的工程项目，不得办理招标手续和发放施工许可证。报建范围包括：各类房屋建筑（包括新建、改建、扩建、翻修等）、土木工程（道路、桥梁、房屋基础打桩等）、设备安装、管道线路铺设和装修等建设工程。工程项目报建应按规定的格式进行填报，其主要内容包括：工程名称、建设地点、投资规模、资金投资额、工程规模、发包方式、计划开竣工日期和工程筹建情况等。

（2）审查招标人资质

资质审查主要是审查招标人是否具备招标条件。具备招标条件招标人可自行办理招标事宜的，并向其行政监督机关备案，行政监督机关对招标人是否具备自行招标的条件进行监督，不具备有关条件的建设单位，须委托具有相应资质中介机构代理招标，建设单位与

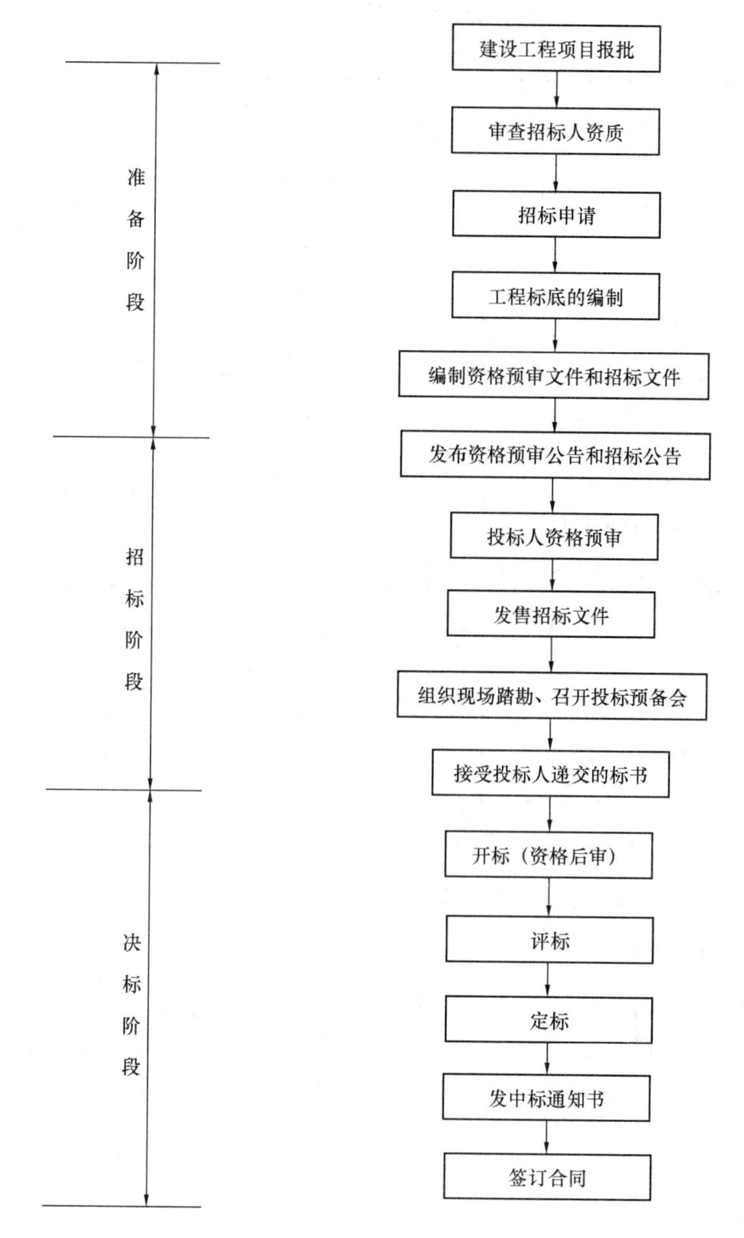

图 2-2　公开招标工作程序

中介机构签订委托代理招标的协议，并报招标管理机构备案。

（3）申请招标

当招标人自己组织招标或委托招标代理机构代理招标确定后，招标单位填写“建设工程招标申请表”，并经上级主管部门批准后，连同“工程建设项目报建审查登记表报”报招标管理机构审批后才可以进行招标。招标申请表内容和格式见表 2-2。

（4）资格预审文件及招标文件的编制与送审

资格预审文件和招标文件须经招标管理机构审查，同意后可公开发布资格预审通告、招标通告。

招 标 申 请 表

表 2-2
招审字第　号

<table>
<tr><td colspan="2">工程名称</td><td colspan="2"></td><td colspan="2">建设地点</td><td colspan="2"></td></tr>
<tr><td colspan="2">结构类型</td><td colspan="2"></td><td colspan="2">招标建设规模</td><td colspan="2"></td></tr>
<tr><td colspan="2">报建批准文号</td><td colspan="2"></td><td colspan="2">概（预）算（万元）</td><td colspan="2"></td></tr>
<tr><td colspan="2">计划开工日期</td><td colspan="2">年　月　日</td><td colspan="2">计划竣工日期</td><td colspan="2">年　月　日</td></tr>
<tr><td colspan="2">招标方式</td><td colspan="2"></td><td colspan="2">发包方式</td><td colspan="2"></td></tr>
<tr><td colspan="2">要求投标单位资质等级</td><td colspan="2"></td><td colspan="2">设计单位</td><td colspan="2"></td></tr>
<tr><td colspan="2">工程招标范围</td><td colspan="6"></td></tr>
<tr><td rowspan="3">招标前期
准备情况</td><td rowspan="2">施工现
场条件</td><td>水</td><td></td><td>电</td><td></td><td>场地平整</td><td></td></tr>
<tr><td>路</td><td></td><td></td><td></td><td></td><td></td></tr>
<tr><td colspan="2">建设单位供应
的材料或设备</td><td colspan="5">如有附材料、设备清单</td></tr>
<tr><td rowspan="7">招标工作组人员名单</td><td>姓名</td><td>工作单位</td><td>职　务</td><td>职　称</td><td>从事专业年限</td><td colspan="2">负责招标内容</td></tr>
<tr><td></td><td></td><td></td><td></td><td></td><td colspan="2"></td></tr>
<tr><td></td><td></td><td></td><td></td><td></td><td colspan="2"></td></tr>
<tr><td></td><td></td><td></td><td></td><td></td><td colspan="2"></td></tr>
<tr><td></td><td></td><td></td><td></td><td></td><td colspan="2"></td></tr>
<tr><td></td><td></td><td></td><td></td><td></td><td colspan="2"></td></tr>
<tr><td></td><td></td><td></td><td></td><td></td><td colspan="2"></td></tr>
<tr><td colspan="2">招标单位</td><td colspan="6">（公章）　　负责人：（签字、盖章）
年　月　日</td></tr>
<tr><td colspan="2">建设单位意见</td><td colspan="6">（公章）　　负责人：（签字、盖章）
年　月　日</td></tr>
<tr><td colspan="2">建设单位上级
主管部门意见</td><td colspan="6">（盖章）
年　月　日</td></tr>
<tr><td colspan="2">招标管理
机构意见</td><td colspan="6">（盖章）
年　月　日</td></tr>
<tr><td colspan="2">备　注</td><td colspan="6"></td></tr>
</table>

1）资格预审文件

公开招标须对投标人进行的资格审查。资格预审是指在发售招标文件前，招标人对潜在的投标人进行资质条件、业绩、技术、资金等方面的审查。只有通过资格预审的潜在的投标人，才可以参加投标。招标资格预审文件按照国家发展和改革委员会第 56 号公告《标准施工招标资格预审文件》试行规定进行编制。资格预审文件的组成：①资格预审公告；②申请人须知；③资格审查办法（合格制）；④资格审查办法（有限数量制）；⑤资格预审申请文件格式；⑥项目建设概况。

2）招标文件

招标人应当根据招标项目的特点和需要，按照国家发展和改革委员会第56号《标准施工招标资格文件》试行规定编制招标文件。

招标文件编制的主要内容：投标须知前附表和投标须知、合同条件（对施工合同包括合同专用条件和合同通用条件）、合同协议条款、合同格式、技术规范、图纸、投标文件参考格式、投标书及投标书附录、工程量清单与报价表、辅助资料表。

（5）发布资格预审公告和招标公告

发布资格预审公告、招标公告或者发出投标邀请函招标文件、资格预审文件经审查批准后，公开招标可通过报刊、广播电视等或信息网上发布“资格预审通告”或“招标通告”；邀请招标发出投标邀请书，吸引特定、不特定的潜在投标人前来投标。所谓潜在投标人，是指知悉招标公告的内容，已获取招标文件和参加踏勘项目现场并有可能愿意参加投标竞争者。对潜在投标人的资格进行审查，即通常所说的资格预审。通过资格预审可以了解投标人的技术条件、工作经验和财务状况；节省日后评审工作的时间和费用。淘汰资格条件不适合于本工程的所谓不合格的潜在投标人，从某种意义上讲排除了将合同授予不合格者的风险，另一方面为不合格的潜在投标人节约了购买招标文件、现场踏勘及投标所发生的费用和时间。资格预审公告的内容及格式（见表2-3）。

（6）对投标人资格预审

对已获取招标信息愿意参加投标的报名者都要进行资格预审。

资格预审的程序：①发布资格预审通告，广泛邀请所有潜在的投标人参加资格预审；②发放资格预审文件；③对潜在投标人资格的审查和评定。招标人在规定的时间内，按照资格预审文件中规定的标准和方法，对参加资格预审的潜在投标人进行资格审查。

资格预审的内容一般包括：①申请人基本情况；②近年财务状况；③拟投入的主要管理人员情况；④近年完成的类似项目情况；⑤目前正施工和新承接的项目情况；⑥近年发生的诉讼及仲裁情况；⑦其他资料情况。

在进行资格预审时，通过对申请资格预审投标人的资格预审文件和资料审查，确定出合格的潜在投标人名单，并向招标人提交书面审查报告。由招标管理机构核准后向其发出资格预审合格通知书。投标人收到资格预审合格通知书后，应以书面形式予以确认，在规定的时间领取招标文件、图纸及有关技术资料。

（7）发售招标文件和有关资料，收取投标保证金

招标人应按规定的时间和地点向经审查合格的投标人发售招标文件及有关资料，并收取一定数量的投标保证金。

投标保证金是指为了防止投标人在投标过程中擅自撤回投标或中标后不愿与招标人签订合同而设立的一种保证措施。投标保证金的额度，由招标人在招标文件中确定。一般不应大于投标总价的2%，且不高于50万元人民币。投标保证金的要求：①投标保证金是投标文件的一个组成部分，对未能按要求提供投标保证金的投标，招标单位将视为不响应投标而予以拒绝。②投标保证金可以是现金、支票、汇票和在中国注册的银行出具的银行保函，对于银行保函应按招标文件规定的格式填写，其有效期应不超过招标文件规定的投

资格预审公告　　表 2-3

1. 招标条件

________工程项目，实施方案已由(项目审批、核准或备案机关名称) 省、市发展和改革委员会以(批文名称及编号) 文批复。________招标代理有限公司受招标人________工程项目办公室委托，现对该工程项目中的施工进行公开招标，诚邀愿意承担该项目施工的潜在投标人前来投标。

2. 项目概况与招标范围

2.1 工程名称：________，招标项目名称________施工招标，建设单位（发包人）________项目办公室

2.2 建设地点在________，结构类型为________，建设规模为________。

2.3 工程质量要求达到国家施工验收规范（优良、合格）标准。计划开工日期________年________月________日，计划竣工日期为________年________月________日，工期________天（日历日），计划工期________。

2.4 ________受建设单位的委托作为招标代理单位，现邀请合格的施工单位就下述工程内容的施工、竣工、保修进行密封投标，以得到必要的劳动力、材料、设备和服务。该工程的发包方式为________（包工包料或包工不包料），工程招标范围：________。资金来源________。

2.5 标段划分：本工程施工标段共划分________个标段，投标人可同时投报多个标段。

3. 申请人资格要求

3.1 具有独立法人资格；(企业营业执照已年审合格)

3.2 具施工单位其资质等级须是________级以上的施工企业；(企业资质等级证书已年审合格)

3.3 具有建设主管部门核发的安全生产许可证；

3.4 过去三年中具有类似项目的工程施工经验，无重大质量、安全事故；并证明在机械设备、人员和资金、技术等方面有能力执行上述工程。(需携带合同原件)

3.5 企业信誉和财务状况良好，有足够的资金能力来承担本项目的实施。

3.6 本次资格预审（接受或不接受）联合体资格预审申请。联合体申请资格预审的，应满足下列要求：______

4. 资格预审方法

本次资格预审采用（合格制/有限数量制）

5. 资格预审文件的获取

5.1 有意的施工单位可按下述地点向招标单位领取资格预审文件。资格预审文件的发放日期为________年________月________日至________年________月________日，每天________时至________时（公休日、节假日除外）。

5.2 施工单位所填写的资格预审文件须在________年________月________日________时前，按下述地点送达招标单位。

5.3 资格预审文件每套售价________元，售后不退。

5.4 邮购资格预审文件的，需另加手续费（含邮费）________元。招标人在收到单位介绍信和邮购款（含手续费）后________日内寄送。

6. 资格预审申请文件的递交

6.1 施工单位所填写的资格预审文件须在________年________月________日________时前，按________地点送达招标单位。

6.2 逾期送达或者未送达指定地点的资格预审申请文件，招标人不予受理。

7. 发布公告在《中国政府采购网》、《市招投标信息平台》上同时发布。

8. 联系方式

招 标 人：________	招标代理机构：________
地　　址：________	地　　址：________
邮　　编：________	邮　　编：________
联 系 人：________	联 系 人：________
电　　话：________	电　　话：________
传　　真：________	传　　真：________
电子邮件：________	电子邮件：________
网　　址：________	网　　址：________
开户银行：________	开户银行：________
账　　号：________	账　　号：________

________年________月________日

标有效期。③未中标的投标单位的投标保证金，招标单位应尽快将其退还，一般最迟不得超过投标有效期期满后的 14 天。④中标的投标单位的投标保证金，在按要求提交履约保证金并签署合同协议后，予以退还。⑤对于在投标有效期内撤回其投标文件或在中标后未能按规定提交履约保证金或签署协议者将没收其投标保证金。

招标文件发出后发售招标文件的招标人应遵守：①招标人不得向他人透露已获取招标文件的潜在投标人的名称、数量以及可能影响公平竞争的有关招标投标的其他情况，设有标底的，标底必须保密。②招标人对已发生的招标文件进行必要的澄清或修改的，应当在招标文件要求提交投标文件截止时间至少 15 日前，以书面形式通知所有招标文件收受人。该澄清或者修改的内容为招标文件的组成部分。③招标人应当确定投标人编制投标文件所需要的合理时间，但是，依法必须进行招标的项目，自招标文件发出之日起至投标人提交投标文件截止之日止，最短不得少于 20 日。④《中华人民共和国招标投标法》和招标公告的其他规定。

(8) 组织投标人勘察现场

招标文件发放后，招标人要在招标文件规定的时间内，组织投标人勘察现场，召开招标预备会，对招标文件进行答疑。

勘察现场由招标人组织，投标人（施工单位）中的施工技术人员、预算人员、合同人员、质量安全管理人员参加。其目的在于使投标人了解工程现场和周围环境情况，获取对投标有帮助的信息，并据此作出关于投标策略和投标报价的决定；同时还可以针对招标文件中的有关规定和数据，通过现场勘察进行详细的核对，对于现场实际情况与招标文件不符之处向招标人书面提出。

招标预备会是将投标人以用书面的形式向招标人提出的招标文件或者在现场勘察中有疑问或不清楚的问题予以澄清和解答。在投标预备会上还应对图纸进行交底和解释。招标人的答疑可以根据情况采用以信函的方式书面解答。

二、建设工程施工投标程序

建设工程投标是建筑企业承揽建筑工程施工任务的主要途径。

(一) 工程项目施工投标条件

建设单位投标应当具备的条件（详见本章第三节）。

(二) 工程项目施工投标的程序

1. 程序

投标的程序分为 6 大步骤，即投标的前期工作；参加资格预审；购买招标文件及相关资料；编制并提交投标文件；开标、评标与定标；签订合同。建设工程施工投标工作程序如图 2-3 所示。

2. 建设工程施工投标程序的主要内容

(1) 投标的前期工作

①获取招标信息

目前投标人获得招标信息的渠道很多，最普遍的是通过大众媒体所发布的招标公告获取招标信息。投标人必须认真分析验证所获信息的真实可靠性，并证实其招标项目确实已立项批准和资金已经落实等。

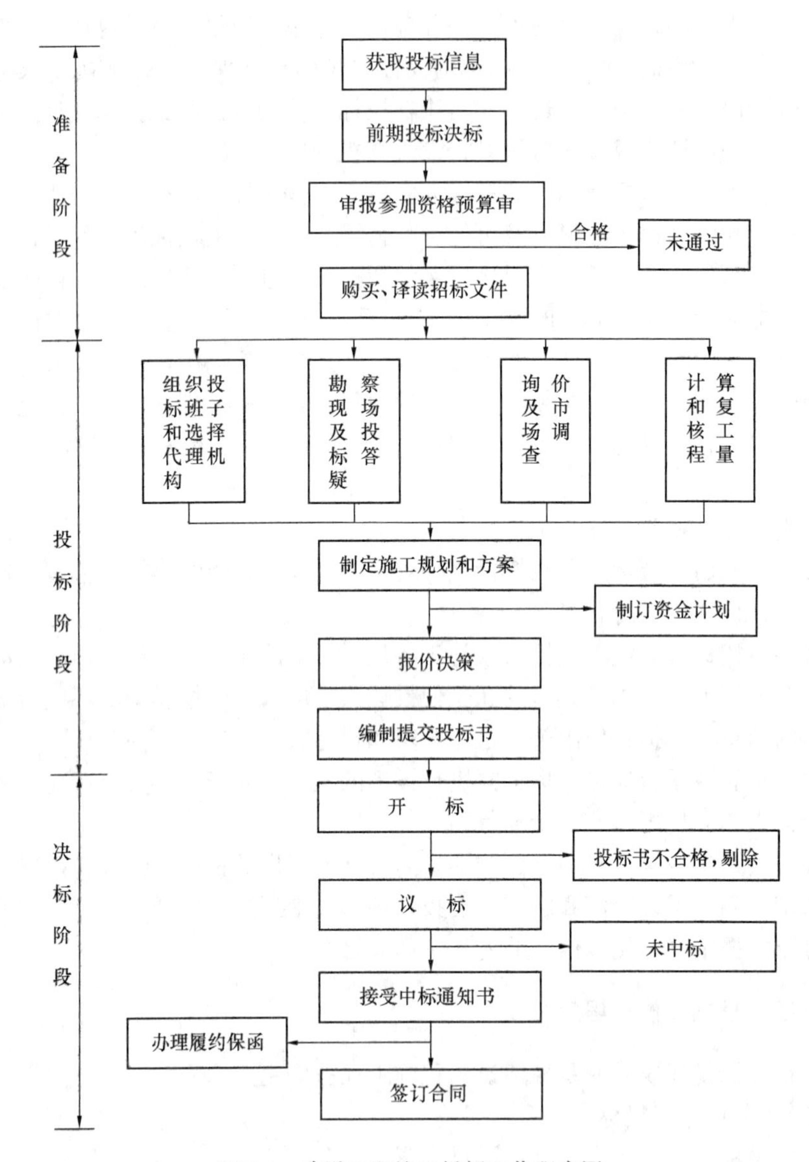

图 2-3　建设工程施工投标工作程序图

②前期投标决策

投标人在证实招标信息真实可靠后，同时还要对招标人的信誉、实力等方面进行了解，根据了解到的情况，正确做出投标决策，以减少工程实施过程中承包方的风险。

(2) 参加资格预审

资格预审是投标人投标过程中首先要通过的第一关，资格预审一般按招标人所编制的资格预审文件内容进行审查。一般要求被审查的投标人提供如下资料：①资格预审申请函；②法定代表人身份证明或附有法定代表人身份证明的授权委托书；③联合体协议书；④申请人基本情况表；⑤近年财务状况表；⑥近年完成的类似项目情况表；⑦近年完成的类似项目情况表；⑧正在施工和新承接的项目情况表；⑨近年发生的诉讼及仲裁情况；⑩其他材料（申请人须知前附表）。招标人根据投标人所提供的资料，对投标人进行资格审查，在这个过程中，投标人应根据资格预审文件，积极准备和提供有关资料，并随时注意信息跟踪工作，发现不足部分，应及时补送，争取通过资格预审，只有经审查合格的投标人，才具备参加投标的资格。

（3）购买招标文件、收集有关资料、投标准备

①购买招标文件：投标人在通过资格预审后，就可以在规定的时间内向招标人购买招标文件。购买招标文件时，投标人应按招标文件的要求提供投标保证金、图纸押金等。并认真阅读招标文件中的所有条款。注意投标过程中的各项活动的时间安排，明确招标文件中对投标报价、工期、质量等的要求及合同条款、无效标书的条件等主要内容，对可能发生疑义或不清楚的地方，应向招标人书面提出。

②收集有关资料、投标准备

收集有关资料、投标准备工作包括计算或复核工程量、询价及市场调查等活动。

计算或复核工程量方法有两种：一种是招标文件编制时，招标人给出具体的工程量清单，供投标人报价时使用。投标人只需根据图纸等资料对给定工程量的准确性进行复核，为投标报价提供依据。如果发现某些工程量有较大的出入或遗漏，应向招标人提出，要求招标人更正或补充，如果招标人不作更正或补充，投标人投标时应注意调整单价以减少实际实施过程中的由于工程量调整带来的风险。另一种情况是，招标文件中未给出具体的工程量清单，只给相应工程的施工图纸。投标报价应根据给定的施工图纸，结合工程量计算规则自行计算工程量。自行计算工程量时，应严格按照工程量计算规则的规定进行，不能漏项，不能少算或多算。

询价及市场调查是为了能够准确确定投标报价，投标前应认真调查工程所在地的人工工资标准、材料来源、价格、运输方式、机械设备租赁价格等和报价有关的市场信息，为准确报价提供依据。

（4）编制和提交文件

①投标文件的组成

投标文件一般由下列内容组成：投标函及投标函附；法定代表人身份证明；法定代表人的资格证明书；授权委托书；联合体协议书；投标保证金；已报价工程量清单；施工组织设计；项目管理机构；拟分包项目情况表；资格审查资料；投标人须知前附表规定的其他材料。对投标文件中的以上内容通常都在招标文件中提供统一的格式，投标单位按招标文件的统一规定和要求进行填报。

②提交投标文件的要求

投标人应当在招标文件要求提交投标文件的截止时间前，将投标文件送达投标地点。

投标人在招标文件要求提交投标文件的截止时间前，可以补充、修改或者撤回已提交的投标文件，并书面通知招标人。补充、修改的内容为投标文件的组成部分。

如果在包封未按上述规定密封并加写标志，招标单位将不承担投标文件错放或提前开封的责任，由此造成的提前开封的投标文件将予以拒绝，并退回投标单位。

三、开标、评标、中标和签订合同

1. 开标

在投标截止日期后，按规定时间、地点，在投标单位法定代表人或授权代理人在场的情况下举行开标会议，按规定的议程进行开标。

2. 评标

由招标代理、建设单位上级主管部门协商，按有关规定成立评标委员会，在招标管理机构监督下，依据评标原则、评标方法，对投标单位报价、工期、质量、主要材料用量、施工方案或施工组织设计、以往业绩、社会信誉、优惠条件等方面进行综合评价，公正合理择优选择中标单位。

3. 定标

中标单位选定后由招标管理机构核准，获准后招标单位发出“中标通知书”。

4. 合同签订

在投标有效期内，招标人以书面形式向中标人发出中标通知书，同时将中标结果通知未中标的投标人。并在规定的期限内招标人与投标中标人签订工程承包合同。

专项实训：走访工程招标咨询公司

1. 实践目的

学生以社会实践形式，通过对工程招标咨询公司的实践学习，了解工程招标代理方法、程序、要求及法律责任。从而了解建设工程招标程序和投标程序，提高学生社会实践能力，与人交往能力，参与招标投标活动基本能力。

2. 实践方式

学生以社会实践方式到工程招标咨询公司进行实训。

具体步骤：

学生分组：3～4 人为一组，自主到工程招标咨询公司进行实践学习。由各组组长负责，老师指导

调研、实践方法：学生以调查、请教、收集为主要方式，了解工程招标代理方法、程序、要求及法律责任；理解建设工程招标程序和投标程序；熟悉建设工程招标投标原则及相关法律法规。为从事建设工程招标投标相关工作奠定理论基础。

3. 实践内容和要求

（1）认真完成参观日记；

（2）完成实践调研报告；

（3）完成实践总结。

小　　结

建设工程招标投标是指建设单位或个人（即业主或项目法人）通过招标的方式，将工程建设项目的勘察、设计、施工、材料设备供应、监理等业务，一次或分部发包，由具有相应资质的承包单位通过投标竞争的方式承接。建设工程招标投标活动是在工程建设中引入竞争机制，通过择优选择承包商，实现缩短建设工期、提高工程质量、节约建设投资的建设目的。

建设工程的招标投标的主体包括：建设工程招标人，建设工程投标人，建设工程招标代理机构，建设工程招标投标行政监管机关。

招标投标经过三个阶段和六大程序：即招标、投标和定标（决标）三个主要阶段；招标、投标、开标、评标、定标和订立合同等六大程序。

建设工程招标代理机构是指受招标人的委托，代为从事招标组织活动的中介组织。如工程招标公司、工程招标（代理）中心、工程咨询公司等。

建设工程招标投标行政监管机构是指经政府或政府主管部门批准设立的隶属于同级建设行政主管部门的省、市、县（市）建设工程招标投标办公室。对建设工程招投标活动中涉及国家利益、社会公共利益和公众安全，实行政府监管。

复习思考题

1. 建设工程招投标应遵守的原则是什么？
2. 我国建设工程招标范围的规定？
3. 简述招标人、投标人的概念和资质要求。
4. 简述招标投标的程序。
5. 建设工程招标的方式有哪些？
6. 招标代理的特征是什么？

第二篇

建设工程施工招标投标务实

第三章　建设工程施工招标务实

【能力目标、知识目标】

掌握业主（建设单位，甲方）在建筑工程项目招标过程中的主要工作及程序，招标文件的内容编制、审查承包方提供的相关资料，熟悉业主在此过程中应该使用的各类规范表单，学生通过建设工程施工招标文件工程案例，了解招标文件的构成。而专项实训锻炼了学生对招标文件的编制能力。

第一节　建筑工程施工招标主要工作

建筑工程施工招标的程序分为五大步骤，即建设项目报建；编制招标文件；发放招标文件；开标、评标与定标；签订合同。其招标主要工作为①对投标者的资格预审或资格后审；②招标文件的编制；③建设工程标底的确定；④评标。

一、投标者的资格预审或资格后审

（一）投标者的资格预审

资格预审是对已获取招标信息愿意参加投标的报名者进行通过对申请单位填报的资格预审文件和资料进行评比和分析，按程序确定出合格的潜在投标人名单，由招标管理机构核准后向其发出资格预审合格通知书。投标人收到资格预审合格通知书后，应以书面形式予以确认是否参加投标。并在规定的时间领取招标文件、图纸及有关技术资料。

对资格预审的要求与内容，一般在公布招标公告之前预先发布招标资格预审通告或在招标公告中提出，以审查投标人的投标资格。

1. 资格预审的作用

对已获取招标信息愿意参加投标的报名者都要进行资格审查。资格预审的作用在于：

（1）了解并掌握潜在投标人的技术能力、类似本工程的施工经验以及财务状况，为招标人选择具有合格资质和能力的投标人奠定基础；

（2）事先淘汰不合格的投标人，排除将合同授予不合格的投标人的风险；

（3）降低招标人的招标成本。如果允许所有愿意投标的投标人都参加投标，招标工作量增大，招标成本也会增加，通过资格预审，排除掉不合格的投标人，把参加投标的技标人控制在一个合理的范围内，有利于降低招标成本，提高招标工作效率。节省评标时间，减少评标费用；

（4）使不合格的投标人节约购买和译读招标文件、现场考察以及编制投标文件参与投标的时间和费用；

（5）可以吸引实力雄厚的投标人参加竞争。资格预审排除一些条件差的投标人，可以避免恶性竞争，这对实力雄厚的潜在投标人是一个吸引。

2. 资格预审的程序

（1）编制资格预审文件：资格预审文件由招标人或委托招标代理机构编制，编制内容要求及格式按照国家发展和改革委员会第56号公告《标准施工招标资格预审文件》试行规定。资格预审文件应报请有关行政监督部门审查；

（2）刊登资格预审通告或招标公告，一般常用招标公告的形式。招标公告或资格预审通告应该在国家指定的报刊、信息网络或其他媒介发布；

（3）出售资格预审文件；

（4）就资格预审文件疑难点进行答疑；

（5）报送投标人的资格预审文件。资格预审文件多为应答方式的调查表格。投标人按要求填报完毕后，应在规定的截止日期前报送到招标人；

（6）澄清投标人的资格预审文件；

（7）评审投标人的资格预审文件；

（8）向投标人通知评审结果。

3. 资格预审评审方法及标准

资格预审的方法有合格制法和有限数量制法（见表3-1、表3-2）两种，无特殊情况，招标人一般采用合格制法。审查委员会根据资格审查办法中规定的审查标准，对所有已受理的资格预审申请文件进行审查。没有规定的方法和标准不得作为审查依据。

（1）合格制法

资格预审合格制法是一种符合性审查的方法，凡符合表3-1中初步审查标准和详细审查标准规定的申请人均通过资格预审。具体步骤：

1）初步审查：审查委员会对资格预审申请文件进行初步审查，有一项因素不符合审查标准的，不能通过资格预审。审查委员会可以要求申请人提交近年财务状况和近年发生的诉讼及仲裁情况有关证明和证件的原件，以便核验。

2）详细审查：审查委员会对通过初步审查的资格预审申请文件进行详细审查。有一项因素不符合审查标准的，不能通过资格预审。通过资格预审的申请人除应满足初步审查和详细审查标准外，还不得存在下列任何一种情形：

不按审查委员会要求澄清或说明的；招标人不具有独立法人资格的附属机构（单位）；为本标段前期准备提供设计或咨询服务的，但设计施工总承包的除外；为本标段的监理人、代建人、提供招标代理服务的；与本标段的监理人或代建人或招标代理机构同为一个法定代表人的；与本标段的监理人或代建人或招标代理机构相互控股或参股的；与本标段的监理人或代建人或招标代理机构相互任职或工作的；被责令停业的；被暂停或取消投标资格的；财产被接管或冻结的；在最近三年内有骗取中标或严重违约或重大工程质量问题的。在资格预审过程中弄虚作假、行贿或有其他违法违规行为的。

3）资格预审申请文件的澄清：在审查过程中，审查委员会可以书面形式，要求申请人对所提交的资格预审申请文件中不明确的内容进行必要的澄清或说明。申请人的澄清或说明应采用书面形式，并不得改变资格预审申请文件的实质性内容。申请人的澄清和说明内容属于资格预审申请文件的组成部分。招标人和审查委员会不接受申请人主动提出的澄清或说明。

（2）有限数量制法

在初步审查和详细审查标准满足的前提下，对资格预审申请文件进行量化打分，再按得分由高到低的顺序确定通过资格预审的申请人。通过资格预审的申请人不超过有限数量制资格审查办法中规定的数量。具体步骤：

1）～3）步骤同合格制法。

4）评分：情况一通过详细审查的申请人不少于 3 个且没有超过表 2-3 规定资格预审的人数，均为通过资格预审，不再进行评分；情况二通过详细审查的申请人数量超过表 2-3 规定资格预审的人数，审查委员会依据表 3-2 中 2.3 评分内容和标准（财务状况、类似项目业绩、信誉、体系认证）进行评分，按得分由高到低的顺序进行排序。

资格审查办法（合格制） **表 3-1**

条款号	审查因素		审查标准
2.1	初步审查标准	申请人名称	与营业执照、资质证书、安全生产许可证一致
		申请函签字盖章	有法定代表人或其委托代理人签字或加盖单位章
		申请文件格式	符合第四章“资格预审申请文件格式”的要求
		联合体申请人	联合体协议书，并明确联合体牵头人
2.2	详细审查标准	营业执照	具备有效的营业执照（已年审合格）
		安全生产许可证	具备有效的安全生产许可证（复印件）
		资质等级	具备企业资质等级证书（副本已年审合格）
		财务状况	有近年财务状况表 附经会计师事务所或审计机构审计的财务会计报表（包括资产负债表、现金流量表、利润表和财务情况说明书的复印件）
		类似项目业绩	近年完成的类似项目情况表 附中标通知书和（或）合同协议书、工程接收证书（工程竣工验收证书）的复印件，每张表格只填写一个项目，并标明序号
		信　誉	申请人须知要求（体系认证）
		项目经理资格	具备完成类似项目（附中标通知书和（或）合同协议书、工程接收证书（工程竣工验收证书）的复印件）、建筑师资格证、技术职称、学历证明及相关简历
		其他要求	近年发生的诉讼及仲裁情况；说明相关情况，并附法院或仲裁机构作出的判决、裁决等有关法律文书复印件
		联合体申请人	联合体协议书

资格审查办法（有限数量制） **表 3-2**

条款号	审查因素		审查标准
2.1	初步审查标准	申请人名称	与营业执照、资质证书、安全生产许可证一致
		申请函签字盖章	有法定代表人或其委托代理人签字或加盖单位章
		申请文件格式	符合第四章“资格预审申请文件格式”的要求
		联合体申请人	联合体协议书，并明确联合体牵头人
2.2	详细审查标准	营业执照	具备有效的营业执照（已年审合格）
		安全生产许可证	具备有效的安全生产许可证（复印件）
		资质等级	具备企业资质等级证书（副本已年审合格）

续表

条款号	审查因素		审查标准
2.2	详细审查标准	财务状况	有近年财务状况表 附经会计师事务所或审计机构审计的财务会计报表（包括资产负债表、现金流量表、利润表和财务情况说明书的复印件）
		类似项目业绩	近年完成的类似项目情况表 附中标通知书和（或）合同协议书、工程接收证书（工程竣工验收证书）的复印件，每张表格只填写一个项目，并标明序号
		信　誉	按申请人须知要求
		项目经理资格	具备完成类似项目（附中标通知书和（或）合同协议书、工程接收证书（工程竣工验收证书）的复印件）、建筑师资格证、技术职称、学历证明及相关简历
		其他要求	近年发生的诉讼及仲裁情况；说明相关情况，并附法院或仲裁机构作出的判决、裁决等有关法律文书复印件
		联合体申请人	联合体协议书、并明确联合体牵头人
2.3	评分标准	评分因素	评分标准
		财务状况	
		类似项目业绩	
		信　誉	
		体系认证	

4. 资格预审文件的编制要求

（1）资格预审文件应按“资格预审申请文件格式”进行编写。

（2）法定代表人授权委托书必须由法定代表人签署。

（3）“申请人基本情况表”应附申请人营业执照副本及其年检合格的证明材料、资质证书副本和安全生产许可证等材料的复印件。

（4）“近年财务状况表”应附经会计师事务所或审计机构审计的财务会计报表，包括资产负债表、现金流量表、利润表和财务情况说明书的复印件，具体年份要求见申请人须知前附表。

（5）“近年完成的类似项目情况表”应附中标通知书和（或）合同协议书、工程接收证书（工程竣工验收证书）的复印件，具体年份要求见申请人须知前附表。每张表格只填写一个项目，并标明序号。

（6）“正在施工和新承接的项目情况表”应附中标通知书和（或）合同协议书复印件。每张表格只填写一个项目，并标明序号。

（7）“近年发生的诉讼及仲裁情况”应说明相关情况，并附法院或仲裁机构作出的判决、裁决等有关法律文书复印件，具体年份要求见申请人须知前附表。

（二）资格后审

1. 适用范围

资格后审适用于某些开工期要求紧迫，工程较为简单的情况。

2. 审核时间

投标人在提交投标书的同时报送资格审查的资料，以便评标委员会在开标后或评标前对投标人资格进行审查。

3. 审查的内容

基本上同于资格预审的内容。经评标委员会审查资格合格者，才能列入进一步评标工作程序。

二、编制招标文件

1. 意义

建设工程招标文件是建设工程招投标活动中最重要的法律文件，所以招标文件的编制是工程施工招标投标工作的核心。它不仅规定了完整的招标程序，而且还提出了各项技术标准和交易条件，拟列了合同的主要条款。招标文件是评标委员会评审的依据，也是签订合同的基础，同时也是招标人编制标底依据和投标人编制投标文件的重要依据。从一定意义上讲招标文件的编制质量优劣是决定招标工作成败的关键；投标人理解与掌握招标文件的程度高低是决定投标能否中标并取得盈利的关键。

2. 招标文件组成

建设工程招标文件由招标文件正式文本、对正式文本的解释和对正式文本的修改三部分构成。

（1）招标文件正式文本

招标文件正式文本由四部分内容组成，第一部分包括招标公告、投标邀请书、投标人须知、评标办法、合同条款及格式、工程量清单等；第二部分图纸；第三部分是技术标准和要求；第四部分是投标文件格式。

（2）对招标文件正式文本的解释

投标人拿到招标文件正式文本之后，如果认为招标文件有问题需要解释，应在招标文件规定的时间内以书面形式向招标人提出，招标人以书面形式，向所有投标人作出答复，其具体形式是招标文件答疑或投标预备会会议记录等，这些也构成招标文件的一部分。

（3）对招标文件正式文本的修改

在投标截止时间15天前，招标人可以对已发出的招标文件可以书面形式进行修改、补充。这些修改和补充也是招标文件的一部分对投标人起约束作用。修改意见由招标人以书面形式发给所有获得招标文件的投标人。并且要保证这些修改和补充发出之日距投标截止时间应有一段合理的时间。

3. 招标文件的主要内容详见第二节

三、招标标底的编制

1. 标底的意义

招标标底是指建设工程招标人对招标工程项目在方案、质量、期限、价格、方法、措施等方面的理想控制目标和预期要求。从狭义上讲，是招标工程预期的价格或费用，是招标人对招标工程所需要的自我测量和估计；是上级主管部门核实建设规模的依据；更是判断投标报价合理性的依据。标底一般由招标人自行编制或委托经建设行政主管部门批准具有编制标底能力的中介机构代理编制。标底应控制在批准总概算及投资包干限额内。

《中华人民共和国招标投标法》没有明确规定招标工程是否必须设置标底价格，招标人可根据工程的实际情况自己决定是否需要编制标底价格。一般情况下，即使采用无标底招标招标方式进行工程招标，招标人在招标时还是需要对招标工程的建造费用做出估计，使心中有一基本价格底数，同时可对各个投标标价的合理性做出合理性的判断。

2. 标底的作用

（1）标底价格是招标人可在建设工程投资、确定工程合同价格的参考依据。

（2）标底价格是衡量、评审投标人投标报价是否合理的尺度和依据。

（3）标底价格是评标的重要指标。

（4）标底价格是建设单位预先明确招标工程的投资额度，并据此筹措和安排建设资金的依据。

（5）标底价格是上级主管部门核实建设规模的依据。

3. 标底的编制原则

（1）根据国家或地方公布的统一工程项目划分、统一计量单位、统一计算规划以及施工图纸、招标文件，并参照国家或地方规定的技术、经济标准定额及规范，确定工程量进行编制。

（2）标底的计价内容、计价依据应与招标文件的规定完全一致。

（3）标底价格作为招标人的期望价，应力求与市场的实际变化相吻合，要有利于竞争和保证工程质量。市场价格一般以权威机构所统计的价格为准。

（4）标底价格一般应控制在批准的总概算或修正概算及投资包干的限额内。

（5）一个工程只能编制一个标底。

4. 标底的编制依据

（1）招标文件。

（2）工程施工图、工程量计算规则。

（3）施工现场地质、水文、地上情况的有关资料。

（4）施工组织设计或施工方案和方法。

（5）国家和地方现行的工程预算定额、工期定额、工程项目计划类别和取费标准、国家或地方的价格调整文件等。

（6）招标时建筑材料及设备等的市场价格。

（7）标底价格计算书、报审的有关表格。

5. 标底的主要内容

（1）标底的综合编制说明。

（2）标底报审表、标底价格计算书、带有价格的工程量清单、现场因素、各种施工措施费的测算明细以及采用固定价格工程的风险系数测算明细等。

（3）主要材料用量。

（4）标底附件。如各项交底纪要，各种材料及设备的价格来源，现场的地质、水文、地上情况的有关资料，编制标底价格所依据的施工方案或施工组织设计等。

6. 标底的编制方法

目前，我国建设工程施工招标标底主要采用工料单价法和综合单价法来编制。

（1）工料单价法

它是根据施工图纸及技术说明，按照预算定额规定的分部分项工程子目，逐项计算出工程量，再套用相应项目定额单价（或单位估价表单价）确定定额直接费，然后按规定的费用定额确定其他直接费、现场经费、间接费、计划利润和税金，还要加上材料调价系数和适当的不可预见费，汇总后即可作为工程标底价格的基础。

（2）综合单价法

按工料单价法中的工程量计算方法，计算出工程量后，应确定其各分项工程的单价，其包括人工费、材料费、机械费、管理费、材料调价、利润、税金以及采用固定价格的风险金等全部费用，即称之为综合单价。综合单价确定后，再与各分项工程量相乘汇总，加上设备总价、现场因素、措施费等，即可得到标底价格。如发包人要求增报保险费和暂定金额的，标底中应包含。

7. 标底的编制步骤

（1）确定标底的编制单位。标底由招标人自行编制或委托具有编制标底资格和能力的中介机构代理编制。

（2）按第二项的要求提供完整的资料，以便进行标底计算。

（3）参加交底会及现场踏勘。标底编、审人员均应参加施工图交底以及现场踏勘、招标预备会，便于标底的编审工作。

（4）编制标底。编制人员应严格按照国家的有关政策规定，科学公正地编制标底价格。

8. 标底的审定

标底的审定是指政府有关主管部门对招标人已完成的标底进行的审查认定。工程施工招标的标底价格应按规定报招投标管理机构审查，招投标管理机构在规定时间内完成标底的审定工作，未经审查的标底一律无效。

①标底审查时应提交的各类文件

标底报送招标管理机构审查时，应提交工程招标文件，施工图纸，填有单价与合价的工程量清单，标底计算书，标底汇总表，标底报审表，采用固定价格的工程的风险系数测算明细以及现场因素，各种施工措施费测算明细，主要材料用量，设备清单等。

②标底审定内容

对采用工料单价法编制的标底价格，主要审查以下内容：工程量计算是否准确、项目套用是否正确、费用计取是否正确等。对采用综合单价法编制的标底价格，主要审查以下内容：标底计价内容、综合单价组成分析、设备市场供应价格、措施费、现场因素费用等。

③标底的审定时间

根据工程的规模大小和结构的复杂难易程度，在相应的规定时间内应审定完毕。

④标底的保密

标底审定完后应及时封存，直至开标时，所有接触过标底价格的人均负有保密责任，不得泄露，否则将追究其法律责任。

9. 我国建筑工程招标标底的优劣

招标的标底的编制虽然重要，但也存在负面作用。

其一，由于价格是施工合同的核心内容之一，但高质量低价格才是一个企业的竞争能力的具体体现，若以标底价格作为确定合同价格的标准，有时难以激励企业改进技术和管理，提高本身的竞争力，因此在一定程度上限制了企业间的竞争。

其二，招标项目设置标的时，由于标底在评标中的重要作用，致使投标人特别是预算员承受巨大的压力，或者不时出现一些泄露标底，为知晓标底而行贿受贿的违法行为。

有鉴于此，《招标投标法》第40条规定：设有标底的，评标时应当参考标底。说明标底只是作为评审和比较的参考标准，而不是绝对、唯一的客观标准或决定中标的标准。若被评为最低评标价的投标超过标底规定的幅度，招标人应当调查分析超出标底的原因，如果是合理的话，该投标应当有效；若被评为最低评标价的投标大大低于标底的话，招标人也应当调查分析，如果是属于合理成本价，该投标也应有效。另外，有些法规则有不设置标底的规定。

当前确定中标价格的趋势是：实行定额的量价分离，以市场价格和施工企业内部定额确定中标价格；要逐步淡化标底的作用，引导企业在国家定额的指导下，依据自身技术和管理的情况建立内部定额，提高投标报价的技巧和水平，并积极推行工程索赔的开展，最终实现在国家宏观调控下由市场确定工程价格。

四、建筑工程招标评标

建筑工程招标评标内容详见第五章。

第二节　建设工程施工招标文件编制

为了进一步规范施工招标投标工作，住房和城乡建设部在颁布《房屋建筑和市政基础设施工程施工招标文件范本》基础上，又颁布中华人民共和国《标准施工招标文件》(2007年版)。学生们可根据建设工程实际状况参照《标准施工招标文件》的条款及第三节建设工程施工招标文件工程案例了解施工招标文件的编制内容。

标准施工招标文件共分如下五大部分：

- 招标公告
- 投标邀请书
- 投标申请人资格预审文件
- 招标文件
- 中标通知书

一、招标公告

公开招标是我国招标的主要形式。根据资格审查方式不同，招标公告分为采用资格预审方式的招标公告和采用资格后审的招标公告。

招　标　公　告

(采用资格预审方式)

________（项目名称）________标段施工招标公告

1. 招标条件

本招标项目________（项目名称）已由________（项目审批、核准或备案机关名称）

以________（批文名称及编号）批准建设，项目业主为________，建设资金来自________（资金来源），项目出资比例为________，招标人为________。项目已具备招标条件，现对该项目的施工进行公开招标。

2. 项目概况与招标范围

2.1 ________（建设单位名称）的工程，建设地点在________，结构类型为________，建设规模为________。

2.2 工程质量要求达到国家施工验收规范________（合格）标准。开工日期为________年________月________日，竣工日期为________年________月________日，工期________天（日历日）。

2.3 ________受建设单位的委托作为招标单位，现邀请合格的投标单位进行密封投标，以得到必要的劳动力、材料、设备和服务来建设和完成工程。

2.4 该工程的发包方式为________（包工包料或包工不包料），招标范围为________。

3. 投标人资格要求

3.1 本次招标要求投标人须具备________资质，________业绩，并在人员、设备、资金等方面具有相应的施工能力。

3.2 本次招标________（接受或不接受）联合体投标。联合体投标的，应满足下列要求：________。

3.3 各投标人均可就上述标段中的________（具体数量）个标段投标。

4. 招标文件的获取

4.1 凡有意参加投标者，请于________年________月________日至________年________月________日（法定公休日、法定节假日除外），每日上午________时至________时，下午________时至________时（北京时间，下同），在________（详细地址）持单位介绍信购买招标文件。

4.2 招标文件每套售价________元，售后不退。图纸押金________元，在退还图纸时退还（不计利息）。

4.3 邮购招标文件的，需另加手续费（含邮费）________元。招标人在收到单位介绍信和邮购款（含手续费）后________日内寄送。

5. 投标文件的递交

5.1 投标文件递交的截止时间（投标截止时间，下同）为________年________月________日________时________分，地点为________。

5.2 逾期送达的或者未送达指定地点的投标文件，招标人不予受理。

6. 发布公告的媒介

本次招标公告同时在________（发布公告的媒介名称）上发布。

7. 联系方式

招 标 人：________	招标代理机构：________
地　　址：________	地　　址：________
邮　　编：________	邮　　编：________
联 系 人：________	联 系 人：________
电　　话：________	电　　话：________

传　　真：________　　传　　真：________
电子邮件：________　　电子邮件：________
网　　址：________　　网　　址：________
开户银行：________　　开户银行：________
账　　号：________　　账　　号：________

日期________年________月________日

招 标 公 告

（采用资格后审方式）

________（项目名称）________标段施工招标公告

1. 招标条件

本招标项目________（项目名称）已由________（项目审批、核准或备案机关名称）以________（批文名称及编号）批准建设，项目业主为________，建设资金来自________（资金来源），项目出资比例为________，招标人为________。项目已具备招标条件，现对该项目的施工进行公开招标。

2. 项目概况与招标范围

2.1 ________（建设单位名称）的工程，建设地点在________，结构类型为________，建设规模为________。

2.2 工程质量要求达到国家施工验收规范________（合格）标准。开工日期为________年________月________日，竣工日期为________年________月________日，工期天________（日历日）。

2.3 ________受建设单位的委托作为招标单位，现邀请合格的投标单位进行密封投标，以得到必要的劳动力、材料、设备和服务来建设和完成工程。

2.4 该工程的发包方式为________（包工包料或包工不包料），招标范围为________。

3. 投标人资格要求

3.1 本次招标要求投标人须具备________资质，________业绩，并在人员、设备、资金等方面具有相应的施工能力。

3.2 本次招标________（接受或不接受）联合体投标。联合体投标的，应满足下列要求：________。

3.3 各投标人均可就上述标段中的________（具体数量）个标段投标。

4. 本工程对投标申请人的资格审查采用资格后审方式，主要资格审查标准和内容详见招标文件中的资格审查文件，只有资格审查合格的投标申请人才有可能被授予合同。

5. 招标文件的获取

5.1 凡有意参加投标者，请于________年________月________日至________年________月________日（法定公休日、法定节假日除外），每日上午________时至________时，下午________时至________时（北京时间，下同），在________（详细地址）持单位介绍信购买招标文件。

5.2 招标文件每套售价________元，售后不退。图纸押金________元，在退还图纸时退还（不计利息）。

5.3 邮购招标文件的，需另加手续费（含邮费）________元。招标人在收到单位介绍信和邮购款（含手续费）后________日内寄送。

6. 投标文件的递交

6.1 投标文件递交的截止时间（投标截止时间，下同）为________年________月________日________时________分，地点为________。

6.2 逾期送达的或者未送达指定地点的投标文件，招标人不予受理。

7. 发布公告的媒介

本次招标公告同时在________（发布公告的媒介名称）上发布。

8. 联系方式

招标人：________	招标代理机构：________
地址：________	地址：________
邮编：________	邮编：________
联系人：________	联系人：________
电话：________	电话：________
传真：________	传真：________
电子邮件：________	电子邮件：________
网址：________	网址：________
开户银行：________	开户银行：________
账号：________	账号：________

日期________年________月________日

二、投标邀请书

采用邀请招标方式的，招标人应当向三家及其以上具备承担施工招标项目的能力、资信良好的特定的法人或者其他组织发出投标邀请书。投标邀请书的内容符合招标公告的内容，同时，根据资格审查方式不同，投标邀请书分为采用资格预审方式的投标邀请书和适用于邀请招标的投标邀请书。

投 标 邀 请 书

（采用资格预审方式-替代资格预审通过通知书）

________（项目名称）________标段施工投标邀请书

________（被邀请单位名称）：

你单位已通过资格预审，现邀请你单位按招标文件规定的内容，参加________（项目名称）________标段施工投标。

请你单位于________年________月________日至________年________月________日（法定公休日、法定节假日除外），每日上午________时至________时，下午________时至________时（北京时间，下同），在________（详细地址）持本投标邀请书购买招标文件。

招标文件每套售价为________元，售后不退。图纸押金________元，在退还图纸时退还（不计利息）。邮购招标文件的，需另加手续费（含邮费）________元。招标人在收到邮购款（含手续费）后________日内寄送。

递交投标文件的截止时间（投标截止时间，下同）为________年________月________日________时________分，地点为________。

逾期送达的或者未送达指定地点的投标文件，招标人不予受理。

你单位收到本投标邀请书后，请于________（具体时间）前以传真或快递方式予以确认。

招 标 人：________	招标代理机构：________
地　　址：________	地　　　　址：________
邮　　编：________	邮　　　　编：________
联 系 人：________	联　系　人：________
电　　话：________	电　　　　话：________
传　　真：________	传　　　　真：________
电子邮件：________	电 子 邮 件：________
网　　址：________	网　　　　址：________
开户银行：________	开 户 银 行：________
账　　号：________	账　　　　号：________

日期________年________月________日

投 标 邀 请 书

（适用于邀请招标）

________（项目名称）________标段施工投标邀请书

________（被邀请施工单位名称）：

1. 招标条件

本招标项目________（项目名称）已由________（项目审批、核准或备案机关名称）以________（批文名称及编号）批准建设，项目业主为________，建设资金来自________（资金来源），出资比例为________，招标人为________。项目已具备招标条件，现邀请你单位参加________（项目名称）________标段施工投标。

2. 项目概况与招标范围

2.1 ________（建设单位名称）的工程，建设地点在________，结构类型为________，建设规模为________。

2.2 工程质量要求达到国家施工验收规范________（合格）标准。开工日期为________年________月________日，竣工日期为________年________月________日，工期________天（日历日）。

2.3 ________受建设单位的委托作为招标单位，现邀请合格的投标单位进行密封投标，以得到必要的劳动力、材料、设备和服务来建设和完成工程。

2.4 该工程的发包方式为________（包工包料或包工不包料），招标范围为________。

3. 投标人资格要求

3.1 本次招标要求投标人须具备________资质，________业绩，并在人员、设备、资金等方面具有相应的施工能力。

3.2 本次招标________（接受或不接受）联合体投标。联合体投标的，应满足下列要求：________。

4. 招标文件的获取

4.1 凡有意参加投标者，请于________年________月________日至________年

________月________日（法定公休日、法定节假日除外），每日上午________时至________时，下午________时至________时（北京时间，下同），在________（详细地址）持单位介绍信购买招标文件。

4.2 招标文件每套售价________元，售后不退。图纸押金________元，在退还图纸时退还（不计利息）。

4.3 邮购招标文件的，需另加手续费（含邮费）________元。招标人在收到单位介绍信和邮购款（含手续费）后________日内寄送。

5. 投标文件的递交

5.1 投标文件递交的截止时间（投标截止时间，下同）为________年________月________日________时________分，地点为________。

5.2 逾期送达的或者未送达指定地点的投标文件，招标人不予受理。

6. 确认

你单位收到本投标邀请书后，请于________（具体时间）前以传真或快递方式予以确认。

7. 联系方式

招标人：________　　招标代理机构：________
地址：________　　地址：________
邮编：________　　邮编：________
联系人：________　　联系人：________
电话：________　　电话：________
传真：________　　传真：________
电子邮件：________　　电子邮件：________
网址：________　　网址：________
开户银行：________　　开户银行：________
账号：________　　账号：________

日期________年________月________日

三、投标申请人资格预审文件

投标申请人资格预审文件，由如下三部分组成：

（一）投标申请人资格预审须知

1. 资质

具备建设行政主管部门核发的建筑业企业资质类别（资质等级）及其以上资质和具备承担招标工程项目能力的施工企业或联合体均可申请资格预审。

2. 投标申请人必须做到

（1）回答资格预审申请书及附表中提出的全部问题。

（2）提交与资格预审有关的资料，需要时及时予以澄清或补充。

（3）申请人投标申请人的法定代表人或其授权委托代理人签字。由委托代理人签字的，应附有法定代表人的授权书。

违反上述之一者，其申请将可能被拒绝或者不能通过资格预审。

3. 资格预审评审标准（见表 3-1、表 3-2）。

4. 联合体资格预审文件须知

（1）联合体每一成员均须提交符合要求的全套资格预审文件，并经联合体各方法定代表人或其授权委托代理人签字和法人盖章。

（2）联合体各方均应当具备承担招标项目的相应能力；国家有关规定或者招标文件对投标人资格条件有规定的，联合体各方均应当具备规定的相应资格条件。由同一专业的单位组成的联合体，按照资质等级较低的单位确定资质等级。

（3）提交联合体共同投标协议，明确约定各方拟承担的工作和责任，并约定一方为联合体的主办人。

（4）资格预审合格后，联合体在组成等方面的任何变化，须在投标截止时间前征得招标人的书面同意。但是，不允许有下列变化：①严重影响或削弱联合体的整体实力；②有未通过或者未参加资格预审的新成员；③联合体的资格条件已不能达到预审的合格标准；④影响招标工程的其他情况。

（5）以联合体名义通过资格预审的成员，不得另行加入其他联合体就本工程进行投标。

（6）为分包本工程项目而参加资格预审并获通过的施工企业，在所列明的合格分包人身份或分包工程范围有改变时，须预先获得招标人的书面批准，否则，其资格预审结果将自动失效。

（7）资格预审申请书及有关资料密封后于规定时间送达指定的地点，迟到的申请书将被拒收。

（8）只有资格预审合格的投标申请人才能参加本招标工程项目的投标。每个合格投标申请人只能参加一个或多个标段的一次性投标，否则，投标申请人的所有投标均将被拒绝。

（9）招标人的其他权利和义务：

1）招标人可以修改投标工程项目的规模和总金额，投标申请人只有达到修改后的资格预审合格条件，才能参与该工程的投标；

2）如果资格预审合格的投标申请人数量过多时，招标人将按有关规定从中选出部分投标申请人参与投标；

3）招标人可根据工程的具体情况设立附加合格条件：对本工程项目所需的特别措施或工艺专长；专业工程施工资质；环境保护要求；同类工程施工经历；项目经理资格要求；安全文明施工要求。

4）招标人应以书面形式通知投标申请人资格预审结果，对于收到合同通知书的投标申请人应以书面形式予以确认。

5）招标人应对招标工程项目的情况，如项目位置、地质、地貌、水文和气候条件、交通、电力供应、土建工程、安装工程、标段划分及标段的初步工程量清单，建设工期以及设计标准、规范等随投标申请人资格预审须知同时发布。

（二）投标申请人资格预审申请函及附表（表 3-3～表 3-14）

资格预审申请函 **表 3-3**

________（招标人名称）：

1. 按照资格预审文件的要求，我方（申请人）递交的资格预审申请文件及有关资料，用于你方（招标人）审查我方参加________（项目名称）________标段施工招标的投标资格。

2. 我方的资格预审申请文件包含“申请人须知”中资格预审申请文件应包含的全部内容。

3. 我方接受你方的授权代表进行调查，以审核我方提交的文件和资料，并通过我方的客户，澄清资格预审申请文件中有关财务和技术方面的情况。

4. 你方授权代表可通过（联系人及联系方式）得到进一步的资料。

5. 我方在此声明，所递交的资格预审申请文件及有关资料内容完整、真实和准确，且不存在申请人资格要求中申请人不得存在的任何一种情形。

申请人：________（盖单位章）

法定代表人或其委托代理人：________（签字）

电　　话：________

传　　真：________

申请人地址：________

邮 政 编 码：________

日期：________年________月________日

法定代表人身份证明 **表 3-4**

申请人名称：______________

单位性质：______________

成立时间：________年________月________日

姓名：________性别：________年龄：________职务：________

系________（申请人名称）的法定代表人。

特此证明

申请人________（盖单位章）

________年________月________日

授 权 委 托 书 **表 3-5**

本人________（姓名）系________（申请人名称）的法定代表人，现委托________（姓名）为我方代理人。代理人根据授权，以我方名义签署、澄清、递交、撤回、修改________（项目名称）________标段施工招标资格预审申请文件，其法律后果由我方承担。

委托期限

代理人无转委托权

附：法定代表人身份证明

申　请　人：________（盖单位章）

法定代表人：________（签字）

身份证号码：________

委托代理人：________（签字）

身份证号码：________

________年________月________日

联合体协议书

表 3-6

________（所有成员单位名称）自愿组成________（联合体名称）联合体，共同参加________（项目名称）________标段施工招标资格预审和投标。现就联合体投标事宜订立如下协议：

1. ________（某成员单位名称）为________（联合体名称）牵头人。

2. 联合体牵头人合法代表联合体各成员负责本标段施工招标项目资格预审申请文件、投标文件编制和合同谈判活动，代表联合体提交和接收相关的资料、信息及指示，处理与之有关的一切事务，并负责合同实施阶段的主办、组织和协调工作。

3. 联合体将严格按照资格预审文件和招标文件的各项要求，递交资格预审申请文件和投标文件，履行合同，并对外承担连带责任。

4. 联合体各成员单位内部的职责分工如下：________

5. 本协议书自签署之日起生效，合同履行完毕后自动失效。

6. 本协议书一式________份，联合体成员和招标人各执一份。

注：本协议书由委托代理人签字的，应附法定代表人签字的授权委托书。

牵头人名称：________（盖单位章）

法定代表人或其委托代理人：________（签字）

成员一名称：________（盖单位章）

法定代表人或其委托代理人：________（签字）

成员二名称：________（盖单位章）

法定代表人或其委托代理人：________（签字）

________年________月________日

申请人基本情况表

表 3-7

<table>
<tr><td>申请人名称</td><td colspan="8"></td></tr>
<tr><td>注册地址</td><td colspan="4"></td><td>邮政编码</td><td colspan="3"></td></tr>
<tr><td rowspan="2">联系方式</td><td>联系人</td><td colspan="3"></td><td>电　　话</td><td colspan="3"></td></tr>
<tr><td>传　真</td><td colspan="3"></td><td>网　　址</td><td colspan="3"></td></tr>
<tr><td>组织机构</td><td colspan="8"></td></tr>
<tr><td>法定代表</td><td>姓名</td><td></td><td colspan="2">技术职称</td><td colspan="2"></td><td>电话</td><td></td></tr>
<tr><td>技术负责人</td><td>姓名</td><td></td><td colspan="2">技术职称</td><td colspan="2"></td><td>电话</td><td></td></tr>
<tr><td>成立时间</td><td colspan="2"></td><td colspan="6">员工总人数</td></tr>
<tr><td>企业资质等级</td><td colspan="2"></td><td rowspan="5">其中</td><td colspan="3">项目经理</td><td colspan="2"></td></tr>
<tr><td>营业执照</td><td colspan="2"></td><td colspan="3">高级职称人员</td><td colspan="2"></td></tr>
<tr><td>注册资金</td><td colspan="2"></td><td colspan="3">中级职称人员</td><td colspan="2"></td></tr>
<tr><td>开户银行</td><td colspan="2"></td><td colspan="3">初级职称人员</td><td colspan="2"></td></tr>
<tr><td>账　　号</td><td colspan="2"></td><td colspan="3">技　　工</td><td colspan="2"></td></tr>
<tr><td>经营范围</td><td colspan="8"></td></tr>
<tr><td>备　　注</td><td colspan="8"></td></tr>
</table>

注：申请人应附申请人营业执照副本及其年检合格的证明材料、资质证书副本和安全生产许可证等材料的复印件。

项目经理简历表 表 3-8

姓　　名		年　　龄		学　　历	
职　　称		职　　务		拟在本合同任职	
毕业学校	年毕业于　　　　学校　　　　专业				
主要工作经历					
时　　间	参加过的类似项目			担任职务	发包人及联系电话

注：投标申请人应附项目经理证、身份证、职称证、学历证、养老保险复印件、管理过的项目业绩须附合同协议书复印件。

近年财务状况表 表 3-9

财务状况（单位）	近三年（应分别明确公元纪年）		
	第一年	第二年	第三年
总资产			
流动资金			
总负债			
流动负债			
税前利润			
税后利润			

注：投标申请人应附经会计师事务所或审计机构审计的财务会计报表，包括资产负债表、现金流量表、利润表和财务情况说明书的复印件，具体年份要求见申请人须知前附。

联合体情况 表 3-10

成员成分	各　方　名　称
1. 主办人	
2. 成员	
3. 成员	
4. 成员	
……	
……	

注：表 3-10 后需附联合体共同投标协议，如果投标申请人认为该协议不能被接受，则该投标申请人将不能通过资格预审。每个投标申请人或联合体成员都要填写此表。

近年完成的类似项目情况表 **表 3-11**

项目名称	
项目所在地	
发包人名称	
发包人地址	
发包人电话	
合同价格	
开工日期	
竣工日期	
承担工作	
工程质量	
项目经理	
技术负责人	
总监理工程师及电话	
项目描述	
备　　注	

注：每个类似工程合同须单独列一张表，标明序号并附中标通知书和（或）合同协议书、工程接收证书（工程竣工验收证书）的复印件，具体年份要求见申请人须知前附表。无相关证明的工程在评审是将不予确认。

正在施工的和新承接的项目情况表 **表 3-12**

项目名称	
项目所在地	
发包人名称	
发包人地址	
发包人电话	
签约合同价	
开工日期	
计划竣工日期	
承担的工作	
工程质量	
项目经理	
技术负责人	
总监理工程师及电话	
项目描述	
备　　注	

注：每个工程项目须单独列一张表，投标申请人或每个联合体成员都应提供中标通知书或双方签订的承包合同复印件。具体年份要求见申请人须知前附表。

近年发生的诉讼及仲裁情况　　　　　　　　表 3-13

近三年已完和目前在建工程合同履行过程中，投标申请人所介入的诉讼或仲裁情况。分别说明事件年限、发包方名称、诉讼原因、纠纷事件、纠纷涉及金额，以及最终判决是否有利于申请人等相关情况，并附法院或仲裁机构作出的判决、裁决等有关法律文书复印件，具体年份要求见申请人须知前附表。

其　他　资　料　　　　　　　　表 3-14

1. 近三年中所有发包人对投标申请人所施工的类似工程的评价意见。

2. 与资格预审申请书评审有关的其他资料。投标申请人不应在其资格预审申请书中附有宣传性材料，这些材料在资格评审时将不予考虑。

（三）投标申请人资格预审合格通知书

投标申请人资格预审合格通知书

致：__________（预审合格的投标申请人名称）

鉴于你方参加了我方组织的招标工程项目编号为______的______（招标工程项目名称）工程施工投标资格预审，经我方审定，资格预审合格。现通知你方作为资格预审合格的投标人就上述工程施工进行密封投标，并将其他有关事宜告知如下：

1. 凭本通知书于______年______月______日至______年______月______日，每天上午______时______分至______时______分，下午______时______分至______时______分（公休日、节假日除外）到______（地接和单位名称）购买招标文件，招标文件每套售价为______（币种，金额，单位），无论是否中标，该费用不予退还。另需交纳图纸押金______（币种，金额，单位）当投标人退回图纸时，该押金将同时退还给投标人（不计利息）。上述资料如需邮寄，可以书面形式通知招标人，并另加邮费每套______（币种，金额，单位）。招标人在收到邮购款______日内，以快递方式向投标人寄送上述资料。

2. 收到本通知书后______日内，请以书面形式予以确认。如果你方不准备参加本次投标，请于______年______月______日前通知我方。

招标人：______________（盖章）

办公地址：____________

邮政编码：________　联系电话：________

传真：________　联系人：________

招标代理机构：____________

办公地址：____________

邮政编码：________　联系电话：________

传真：________　联系人：________

日期：______年______月______日

四、招标文件

招标文件包括以下九章内容：

第一章　招标公告（或投标邀请书）

第二章　投标须知前附表及投标须知

第三章　评标办法

第四章　合同条款及格式

第五章　工程量清单

第六章　图纸

第七章　技术标准和要求

第八章　投标文件格式

第九章　投标人须知前附表规定的其他材料

（一）招标公告（或投标邀请书）在本节已提供。

（二）投标须知前附表及投标须知

1. 投标须知前附表（简称前附表）（表 3-15）

投标须知中首先应列出前附表，将一些重要内容集中列在表中，便于投标人重点和概括地了解招标情况。

投标须知前附表　　**表 3-15**

序号	条款号	条　款　名　称	编　列　内　容
1	1.1.2	招标人	名称 地址 联系人 电话
2	1.1.3	招标代理机构	名称 地址 联系人 电话
3	1.1.4	工程名称	
4	1.1.5	建设地点	
5	1.2.1	资金来源	建设规模
6	1.2.2	出资比例	承包方式
7	1.2.3	资金落实情况	
8	1.3.1	招标范围	
9	1.3.2	计划工期	计划工期：________日历天 计划开工日期：________年________月________日 计划竣工日期：________年________月________日
10	1.3.3	质量要求	
11	1.4.1	投标人资质条件、能力和信誉	资质条件： 财务要求： 业绩要求： 信誉要求： 项目经理（建造师，下同）资格： 其他要求
12	1.4.2	是否接受联合体投标	□不接受 □接受，应满足下列要求：
13	1.9.1	踏勘现场	□不组织 □组织，踏勘时间： 踏勘集中地点：

续表

序号	条款号	条 款 名 称	编 列 内 容
14	1.10.1	投标预备会	□不召开 □召开，召开时间： 召开地点：
15	1.10.2	投标人提出问题的截止时间	
16	1.10.3	招标人书面澄清的时间	
17	1.11	分包	□不允许 □允许，分包内容要求： 分包金额要求： 接受分包的第三人资质要求：
18	1.12	偏离	□不允许 □允许
19	2.1	构成招标文件的其他材料	
20	2.2.1	投标人要求澄清招标文件的截止时间	
21	2.2.2	投标截止时间	____年____月____日____时____分
22	2.2.3	投标人确认收到招标文件澄清的时间	
23	2.3.2	投标人确认收到招标文件修改的时间	
24	3.1.1	构成投标文件的其他材料	
25	3.3.1	投标有效期	
26	3.4.1	投标保证金	投标保证金的形式： 投标保证金的金额：
27	3.5.2	近年财务状况的年份要求	____年
28	3.5.3	近年完成的类似项目的年份要求	____年
29	3.5.5	近年发生的诉讼及仲裁情况的年份要求	____年
30	3.6	是否允许递交备选投标方案	□不允许 □允许
31	3.7.3	签字或盖章要求	
32	3.7.4	投标文件副本份数	____份
33	3.7.5	装订要求	
34	4.1.2	封套上写明	招标人的地址： 招标人名称 ____（项目名称）____标段投标文件 在____年____月____日____时____分前不得开启
35	4.2.2	递交投标文件地点	
36	4.2.3	是否退还投标文件	□否 □是
37	5.1	开标时间和地点	开标时间：同投标截止时间 开标地点：
38	5.2	开标程序	(4) 密封情况检查： (5) 开标顺序：

续表

序号	条款号	条 款 名 称	编 列 内 容
39	6.1.1	评标委员会的组建	评标委员会构成：____人，其中招标人代表____人，专家____人； 评标专家确定方式：
40	7.1	是否授权评标委员会确定中标人	□是 □否，推荐的中标候选人数：
41	7.3.1	履约担保	履约担保的形式： 履约担保的金额：
42			
43	10	需要补充的其他内容	
44	……	……	
45	……	……	

2. 投标须知

投标须知是指导投标人正确地进行投标报价的文件，规定了编制投标文件和投标应注意、考虑的程序规定和一般规定，特别是实质性规定。《标准施工招标文件》关于投标须知内容规定有如下十个部分：

第一部分：总则

第二部分：招标文件

第三部分：投标文件

第四部分：投标

第五部分：开标

第六部分：评标

第七部分：合同的授予

第八部分：重新招标和不再招标

第九部分：纪律和监督

第十部分：需要补充的其他内容

（1）总则。总则包括

①工程概况：根据《中华人民共和国招标投标法》等有关法律、法规和规章的规定，本招标项目已具备招标条件，现对本标段施工进行招标。具体内容见表3-15第1～4项。

②资金来源和落实情况：见表3-15第5～7项。

③招标范围、计划工期和质量要求：见表3-15第8～10项。

④投标人资格要求：对已进行资格预审的投标人应是收到招标人发出投标邀请书的单位。

⑤投标人资格要求：对资格后审的投标人要求：见表3-15第11项。

⑥费用承担：投标人准备和参加投标活动发生的费用自理。

⑦踏勘现场：见表3-15第13项。

⑧投标预备会：招标人按表3-15第14项规定的时间和地点召开投标预备会，澄清投标人提出的问题。

⑨分包：投标人拟在中标后将中标项目的部分非主体、非关键性工作进行分包的，应符合表3-15第17项规定的分包内容、分包金额和接受分包的第三人资质要求等限制性条件。

（2）招标文件

⑩招标文件组成，共十章。

⑪招标文件的澄清：包括投标人提出的疑问和招标人自行澄清的内容，都应规定于投标截止时间多少日内以书面形式澄清。澄清的内容向所有投标人发送，投标人应在规定的时间内以书面形式给予确定人。澄清的内容为招标文件的组成部分。

⑫招标文件的修改：指招标人对招标文件的修改。在投标截止时间15天前，招标人可以书面形式修改招标文件，并通知所有已购买招标文件的投标人。如果修改招标文件的时间距投标截止时间不足15天，相应延长投标截止时间。投标人收到修改内容后，应在投标人须知前附表规定的时间内以书面形式通知招标人，确认已收到该修改。

（3）投标文件的编制

⑬投标文件的语言及度量衡单位。

招标文件应规定投标文件的语言类型；除工程规范另有规定外，投标文件使用中华人民共和国法定的计量单位。

⑭投标文件的组成。

投标文件由投标函、商务和技术三部分组成。采用资格后审时还应包括资格审查文件。

投标函部分主要包括：法定代表人身份证明书，投标文件签署授权委托书，投标函，投标函附录，投标担保银行保函，投标担保书以及其他投标资料。

商务部分分两种情况：

采用综合单价形式的，包括：投标报价说明，投标报价汇总表，主要材料清单报价表，设备清单报价表，工程量清单报价表，措施项目报价表，其他项目报价表，工程量清单项目价格计算表，投标报价需要的其他资料。

采用工料单价形式的，包括：投标报价的要求，投标报价汇总表，主要材料清单报价表，设备清单报价表，分部工程工料价格计算表，分部工程费用计算表，投标报价需要的其他资料。

技术部分主要包括下列内容：

a. 施工组织设计或施工方案（含各分部分项工程的主要施工方法，主要施工机械设备及进场计划，劳动力安排计划，确保工程质量的技术组织措施，确保安全生产的技术组织措施，确保文明施工的技术组织措施，确保工期的技术组织措施，施工总平面图等）。

b. 项目管理机构配备（含项目管理机构配备情况表，项目经理简历表，项目技术负责人简历表，拟分包项目名称和分包人情况等）。

资格预审更新资料或资格审查申请书（资格后审时）。

⑮投标报价。投标人应按“工程量清单”的要求填写相应表格，投标人在投标截止时间前修改投标函中的投标总报价，应同时修改“工程量清单”中的相应报价。

⑯投标有效期。见表3-15第25项规定。

根据七部委《工程建设项目施工招标投标办法》规定：在投标有效期内投标人不得补充、修改、替代或者撤回投标书；投标人中标必须与招标人或发标人订合同，违者其投标保证金将被没收。招标文件要求中标人提交履约保证金或者其他形式履约担保的，中标人应当提交、拒绝提交的，视为放弃中标项目。

⑰投标保证金。投标人在递交投标文件的同时，应按投标人表 3-15 第 26 项规定的金额、担保形式和“投标文件格式”规定的投标保证金格式递交投标保证金，并作为其投标文件的组成部分按照规定提交投标担保。招标人与中标人签订合同后 5 个工作日内，向未中标的投标人和中标人退还投标保证金。投标保证金有银行汇票、支票和现金三种形式。

⑱投标人的替代投标方案。如果表 3-15 第 30 项中允许投标人提交替代方案时，投标人除提交正式投标文件外，还可提交替代方案。替代方案应包括设计计算书、技术规范、单价分析表、替代方案报价书、所建议的施工方案等资料。

⑲投标文件的份数和签署。见表 3-15 第 31、32 项所列。

（4）投标

⑳投标文件的装订、密封和标记。

㉑投标文件的提交。见前附表第 17 项规定。

㉒投标文件提交的截止时间。见前表 3-15 第 35 项规定。

㉓迟交的投标文件。将被拒绝投标并退回给投标人。

㉔资格预审申请书材料的更新。

（5）开标

㉕开标。见表 3-15 第 38、39 项规定，并邀请所有投标人参加。

㉖投标文件的有效性。

（6）评标

㉗评标委员会与评标。

㉘评标过程的保密。

㉙资格后审。

㉚投标文件的澄清。

㉛投标文件的初步评审。

㉜投标文件计算错误的修正。

㉝投标文件的评审、比较和否决。

（7）合同的授予

㉞定标方式：除表 3-15 中规定评标委员会直接确定中标人外，招标人依据评标委员会推荐的中标候选人确定中标人，评标委员会推荐中标候选人的人数见表 3-15。

㉟中标通知书。中标人确定后，招标人将于 15 日内向工程所在地的县级以上地方人民政府建设行政主管部门提交施工招标情况的书面报告；建设行政主管部门收到该报告之日起 5 日内，未通知招标人在招标投标活动中有违法行为的，招标人向中标人发出中标通知书。同时通知所有未中标人；招标人与中标人订立合同后 5 日内向未中标人退还投标保证金。

㊱合同协议书的订立。中标通知书发出之日 30 日内，根据招标文件和中标人的投标文件订立合同。

㊲履约担保。见表 3-15 第 41 项。

（8）重新招标和不再招标

招标人将重新招标条件：a. 投标截止时间止，投标人少于 3 个的；b. 经评标委员会评审后否决所有投标的。

重新招标后投标人仍少于3个或者所有投标被否决的，属于必须审批或核准的工程建设项目，经原审批或核准部门批准后不再进行招标。

（三）合同条款

使用建设部、前国家工商行政管理局1999年12月24日印发的《建设工程施工合同（示范文本）》（建［1999］313号）。详细内容见第七章。

（四）合同文件格式

合同文件格式有七个，即合同协议书，房屋建筑工程质量保修书，承包人银行履约担保书，承包人履约担保书，承包人预付款银行保函，发包人支付担保银行保函和发包人支付担保书。

上述合同文件格式除银行保函由银行提供外，其余均由本范本提供（见后）。

（五）工程建设标准

（六）图纸

（七）工程量清单

1. 工程量清单说明

（1）工程量清单系按分部分项工程提供的。

（2）工程量清单是依据有关工程量计算规划编制的。

（3）工程量清单中的“工程量”是招标人的估算值。

（4）工程量清单中，投标人标价并中标后，该工程量清单则为合同文件的重要组成部分。

2. 工程量清单表（3-16）

工程量清单表 **表3-16**

（工程项目名称）工程 共__页第__页

序号	编号	项目名称	计量单位	工 程 量
1	2	3	4	5
一		（分部工程名称）		
1		（分项工程名称）		
2				
……				
二				
1				
2				
……				
三				

招标人：__________盖章___

法定代表人或委托代理人：_______签字或盖章_______ 日期：____年___月___日

（八）投标文件投标函部分格式

（1）法定代表人身份证明书。见表 3-3

（2）投标文件签署授权委托书。见表 3-4

（3）投标函。见表 3-17

（4）投标函附录。见表 3-18

（5）投标担保银行保函格式（由担保银行提供）。

（6）投标担保书。见表 3-19

投标函 **表 3-17**

致：__________（招标人名称）

1. 根据你方招标工程项目编号为_______的_______工程招标文件，遵照《中华人民共和国招标投标法》等有关规定，经踏勘项目现场和研究上述招标文件的投标须知、合同条款、图纸、工程建设标准和工程量清单及其他有关文件后，我方愿以_______（币种、金额、单位）（小写）的投标报价并按上述图纸、合同条款、工程建设标准和工程量清单的条件要求承包上述工程的施工、竣工，并承担任何质量缺陷保修责任。

2. 我方已详细审核全部招标文件，包括修改文件（如有时）及有关附件。

3. 我方承认投标函附录是我方投标函的组成部分。

4. 一旦我方中标，我方保证按合同协议书中规定的工期_______日历天完成并移交全部工程。

5. 如果我方中标，我方将按照规定提交上述总价_______%的银行保函或上述总价_______%的由具有担保资格和能力的担保机构出具的履约担保书作为履约担保。

6. 我方同意所提交的投标文件在“投标申请人投标须知”第 25 条规定的投标有效期内有效，在此期间内如果中标，我方将接受次约束。

7. 除非另外达成协议并生效，你方的中标通知书和本投标文件将成为约束双方的合同文件的组成部分。

8. 我方将与本投标函一起，提交_______（币种，金额，单位）作为投标担保。

投标人：______________________（盖章）

单位地址：______________________

法定代表人或其委托代理人：__________（签字或盖章）

邮政编码：__________电话：__________传真：__________

开户银行名称：______________________

开户银行账号：______________________

开户银行地址：______________________

开户银行电话：______________________

日期：__________年__________月__________日

投标函附录 **表 3-18**

序号	项目内容	合同条款号	约定内容	备注
1	履约保证金 银行保函金额 履约担保书金额		合同价款的（　　）% 合同价款的（　　）%	
2	施工准备时间		签订合同后（　　）天	
3	误期违约金额		（　　）元/天	
4	误期赔偿费限额		合同价款（　　）%	
5	提前工期奖		（　　）元/天	
6	施工总工期		（　　）日历天	
7	质量标准			

续表

序号	项目内容	合同条款号	约定内容	备注
8	工程质量违约金最高限额		（　　）元	
9	预付款金额		合同价款的（　　）%	
10	预付款保函金额		合同价款的（　　）%	
11	进度款付款时间		签发月付款凭证后（　　）天	
12	竣工结算款付款时间		签发竣工结算付款凭证后（　　）天	
13	保修期		依据保修书约定的期限	

投标担保书 **表 3-19**

致：________（招标人名称）

根据本担保书，________（投标人名称）作为委托人（以下简称“投标人”）和________（担保机构名称）作为担保人（以下简称“担保人”）共同向________（招标人名称）（以下简称“招标人”）承担支付________（币种、金额、单位）（小写）的责任，投标人和担保人均受本担保书的约束。

鉴于投标人于________年________月________日参加招标人的________（招标工程项目名称）的投标，本担保人愿为投标人提供投标担保。

本担保书的条件是：如果投标人在投标有效期内收到你方的中标通知书后：

1. 不能或拒绝按投标须知的要求签署合同协议书；

2. 不能或拒绝按投标须知的规定提交履约保证金。只要你方指明产生上述任何一种情况的条件时，则本担保人在接到你方以书面形式的要求后，即向你方支付上述全部款额，无需你方提出充分证据证明其要求。

本担保人不承担支付下述金额的责任：

1. 大于本担保书规定的金额；

2. 大于投标人投标价与招标人中标价之间的差额的金额。

担保人在此确认，本担保书责任在投标有效期或延长的投标有效期满后 28 天内有效，若延长投标有效期无须通知本担保人，但任何索款要求应在上述投标有效期内送达本担保人。

担保人：________________________（盖章）

法定代表人或委托代理人：________________（签字或盖章）

地址：________________________________

邮政编码：______________________________

日期：____________年____________月____________日

（九）投标文件商务部分格式

1. 投标文件商务部分格式（采用综合单价形式）

（1）投标报价说明。综合单价和合价均包括：人工费、材料费、机械费、管理费、利润、税金以及采用固定价格的工程所测算的风险费等全部费用。

（2）投标报价汇总表（表 3-20）

（3）主要材料清单报价表（表 3-21）

（4）设备清单报价表（表 3-22）

（5）分部分项工程量清单报价表（表 3-23）

（6）措施项目报价表（表 3-24）

（7）其他项目报价表（表 3-25）

（8）工程量清单项目价格计算表。

投标报价汇总表

表 3-20

________（工程项目名称）

序号	表号	工程项目名称	合计（单位）	备注
一		土建工程分部工程量清单项目		
1				
2				
3				
二		安装工程分部工程量清单项目		
1				
2				
3				
三		措施项目		
四		其他项目		
五		设备费用		
六		总　　计		
投标总报价________（币种，金额，单位）				

投标人：________（盖章）

法定代表人或委托代理人：________（签字或盖章）

日期：________年________月________日

主要材料清单报价表

表 3-21

________（工程项目名称）　　　　共________页第________页

序号	材料名称及规格	计量单位	数　量	报价（单位）		备注
				单价	合价	
1	2	3	4	5	6	7

投标人：________（盖章）

法定代表人或委托代理人：________（签字或盖章）

日期：________年________月________日

设备清单报价表

表 3-22

________（工程项目名称）　　　　共________页第________页

序号	设备名称	规格型号	单位	数量	单价（单位）				合价（单位）				备注
					出厂价	运杂费	税金	单价	出厂价	运杂费	税金	合价	
1	2	3	4	5	6	7	8	9	10	11	12	13	14
小计：________（币种，金额，单位）。其中：设备出厂价________；运杂费________；税金________													
设备报价（含运杂费、税金）合计________（币种，金额，单位），（结转至表 3-19）													

投标人：________（盖章）

法定代表人或委托代理人：________（签字或盖章）

日期：________年________月________日

分部分项工程量清单报价表

表 3-23

________（分部工程）　　　　共________页第________页

序号	编号	项目名称	计量单位	工程量	综合单价（单位）	合价（单位）	备注
1	2	3	4	5	6	7	8
合计：________（币种，金额，单位）（结转至表 3-19）							

投标人：________（盖章）

法定代表人或委托代理人：________（签字或盖章）

日期：________年________月________日

措施项目报价表

表 3-24

________工程　　　　第________页共________页

序　号	项目名称	金　　额
1		
2		
3		
4		
……		
合计：________（币种，金额，单位）		

投标人：________（盖章）

法定代表人或委托代理人：________（签字或盖章）

日期：________年________月________日

其他项目报价表 **表 3-25**

________工程　　第________页共________页

序号	项目名称	金　额
1		
2		
3		
4		
……		
合计：________（币种，金额，单位）		

投标人：________（盖章）

法定代表人或委托代理人：________（签字或盖章）

日期：________年________月________日

2. 投标文件商务部分格式（采用工料单价形式）

（1）投标报价说明

分部工程工料价格计算表（表 3-24）中所填人的工料单价和合价，为分部工程所涉及的全部项目的价格。它是按照有关定额的人工、材料、机械消耗量的标准及市场价格计算、确定的直接费。其他直接费、间接费、利润、税金和有关文件规定的调价、材料差价、设备价格、现场因素费用、施工技术措施费以及采用固定价格的工程所测算的风险金等按现行的计算方法计取，计入分部工程费用计算表中。

（2）投标报价汇总表。（表 3-20）

（3）主要材料清单报价表。（表 3-21）

（4）设备清单报价表。（表 3-22）

（5）分部工程工料价格计算表。（表 3-26）

（6）分部工程费用计算表。（表 3-27）

分部工程工料价格计算表 **表 3-26**

________（分部工程）　　共________页第________页

序号	编号	项目名称	单位	工程量	工料单价（单位）				工料合价（单位）				备注
					单价	其中			单价	其中			
						人工费	材料费	机械费		人工费	材料费	机械费	
工料合价合计：________（币种，金额，单位）。人工费合计：________（币种，金额，单位）													

投标人：________（盖章）

法定代表人或委托代理人：________（签字或盖章）

日期：________年________月________日

分部工程费用计算表 **表 3-27**

________（分部工程） 共________页第________页

代码	序号	费用名称	单　位	费率标准	金　额	计算公式
A	一	直接工程费				
A1	1	直接费一				
A1.1						
A1.2						
A2	2	其他直接费合计				
A2.1						
A3	3	现场经费				
A3.1						
B	二	间接费				
B1						
B2						
C	三	利润				
D	四	其他				
D1						
D2						
E	五	税金				
F	六	总计				A+B+C+……+E
合计：________（币种，金额，单位）						

投标人：________（盖章）

法定代表人或委托代理人：________（签字或盖章）

日期：________年________月________日

注：表内代码根据费用内容增删。

（十）投标文件技术部分格式

1. 施工组织设计

(1) 拟投人的主要施工机械设备表

(2) 劳动力计划表
(3) 计划开、竣工日期和施工进度网络图
(4) 施工总平面图
(5) 临时用地表
2. 项目管理机构配备情况
(1) 项目管理机构配备情况表
(2) 项目经理简历表
(3) 项目主要技术负责人简历表
(4) 项目管理机构配备情况的辅助说明资料。
(5) 拟分包项目情况表
(十一) 资格审查申请书格式
资格审查申请书格式组成:
(1) 投标人一般情况。
(2) 近三年类似工程营业额数据表。
(3) 近三年已完工程及目前在建工程一览表。
(4) 财务状况表。
(5) 联合体情况。
(6) 类似工程经验。
(7) 现场条件类似工程的施工经验。
(8) 其他。

五、中标通知书

中标通知书

你方于________(投标日期)所递交的________(项目名称)________标段施工投标文件已被我方接受,被确定为中标人。

中标价:________元。

工期:________日历天。

工程质量:符合________标准。

项目经理:________(姓名)。

请你方在接到本通知书后的________日内到________(指定地点)与我方签订施工承包合同,在此之前按招标文件第二章"投标人须知"规定向我方提交履约担保。

特此通知。

招标人:________(盖单位章)
法定代表人:________(签字)
________年________月________日

第三节 建设工程施工招标文件工程案例

在建设工程施工招标过程中,招标文件应根据第二节内容结合工程实际进行编制,下

面是×××工程施工招标文件，供学习和投标文件编写是参考。

工程施工招标文件封面（略）

目　　录

第一章　投标须知及投标须知前附表

投标须知前附表

表 3-28

项号	条款号	内　容	说明与要求
1	1.1	工程名称	公寓、办公及商业工程
2	1.1	建设地点	××区
3	1.1	建设规模	建筑面积 74074.53m²；剪力墙结构；地下 3 层；地上 20 层。 其中：办公（地上）14958.90m² 商业（地上）12129.89m² 公寓（地上）27782.72m² 地下建筑 19203.02m²
4	1.1	承包方式	施工总承包，包工包料方式
5	1.1	质量标准	合格
6	2.1	招标范围	全部土建工程；给排水工程；采暖工程；通风工程；室内消防工程；照明动力系统；与室外工程有关的管道均做到距外墙轴线 2.5m 处；含 1999 年 4 号文
7	2.2	工期要求	2006 年 4 月 30 日计划开工，2008 年 2 月 8 日计划竣工，定额工期：1013 日历天，施工总工期：861 日历天
8	3.1	资金来源	自筹，总投资约壹亿柒千万元，本年度投资约陆千万元，目前到位资金陆千万元
9	4.1	投标人资质等级要求	房屋建筑施工总承包一级以上（含一级）或同等资质等级
10	13.1	工程计价方式	执行工程量清单（工程量清单见附件）
12	15.1	投标有效期	为：90 日历天（从投标截止之日算起）
13		投标担保金额	无
14	16.1	踏勘现场	集合时间：2006 年 5 月 8 日 10 时—分 集合地点：施工现场
15	17.1	投标人的替代方案	本工程不提倡联合体投标

续表

项号	条款号	内　　容	说明与要求
16	16.1	投标文件份数	一份正本，二份副本
17	19.1	投标文件提交地点及截止时间	收件人：××地点：××市建设工程承发包交易中心三层 时间：2006年5月15日9时00分
18	22.1	开标	开始时间：2006年6月16日9时00分 地点：北京市建设工程承发包交易中心
19	29.3	评标方法及标准	详见后附表
20	34	履约担保金额	投标人提供的履约担保金额为（合同价款的10%）银行担保保函或担保公司保函 招标人提供的支付担保金额为（合同价款的10%）银行担保保函或担保公司保函

第二章　合　同　条　款

投标须知

（一）总则

1　工程说明

1.1　本招标工程项目说明详见本须知前附表第1项～第5项。

1.2　本招标工程项目按照《中华人民共和国招标投标法》等有关法律、法规和规章，通过招标方式选定承包人。

2　招标范围及工期

2.1　本招标工程项目的范围详见本须知前附表第6项。

2.2　本招标工程项目的工期要求详见本须知前附表第7项。

3　资金来源

3.1　本招标工程项目资金来源详见投标须知前附表第8项，其中部分资金用于本工程项目施工合同项下的合格支付。

4　合格的投标人

4.1　投标人资质等级要求详见本须知前附表第9项。

4.2　本工程不提倡采用联合体投标

5　踏勘现场

5.1　招标人将按本须知前附表第14项所述时间，组织投标人对工程现场及周围环境进行踏勘，以便投标人获取有关编制投标文件和签署合同所涉及现场的资料。投标人承担踏勘现场所发生的自身费用。

5.2　招标人向投标人提供的有关现场的数据和资料，是招标人现有的能被投标人利用的资料，招标人对投标人做出的任何推论、理解和结论均不负责任。

5.3　经招标人允许，投标人可为踏勘目的进入招标人的项目现场，但投标人不得因此使招标人承担有关的责任和蒙受损失。投标人应承担踏勘现场的责任和风险。

6　投标费用

6.1　投标人应承担其参加本招标活动自身所发生的费用。

（二）招标文件

7　招标文件的组成

7.1　招标文件包括下列内容：

第一章　投标须知及投标须知前附表

第二章　合同条款（见本教材附表一《建设工程施工合同（示范文本）》）

第三章　合同文件格式

第四章　工程建设标准

第五章　图纸

第六章　投标文件投标函部分格式

第七章　投标文件商务部分格式

第八章　投标文件技术部分格式

7.2　除7.1内容外，招标人在提交投标文件截止时间15天前，以书面形式发出的对招标文件的澄清或修改内容，均为招标文件的组成部分，对招标人和投标人起约束作用。

7.3　投标人获取招标文件后，应仔细检查招标文件的所有内容，如有残缺等问题应在获得招标文件5日内向招标人提出，否则，由此引起的损失由投标人自己承担。投标人同时应认真审阅招标文件中所有的事项、格式、条款和规范要求等，若投标人的投标文件没有按招标文件要求提交全部资料，或投标文件没有对招标文件做出实质性响应，其风险由投标人自行承担，并根据有关条款规定，该投标有可能被拒绝。

7.4　当投标人退回图纸时，图纸押金将同时退还给投标人（不计利息）。

8　招标文件的澄清

8.1　投标人若对招标文件有任何疑问，应于投标截止日期前15日以书面形式向招标人提出澄清要求，送至××某建设开发有限责任公司。无论是招标人根据需要主动对招标文件进行必要的澄清，或是根据投标人的要求对招标文件做出澄清，招标人都将于投标截止时间15日前以书面形式予以澄清，同时将书面澄清文件向所有投标人发送。投标人在收到该澄清文件后应于1日内，以书面形式给予确认，该澄清作为招标文件的组成部分，具有约束作用。

9　招标文件的修改

9.1　招标文件发出后，在提交投标文件截止时间15日前，招标人可对招标文件进行必要的澄清或修改。

9.2　招标文件的修改将以书面形式发送给所有投标人，投标人应于收到该修改文件后1日内以书面形式给予确认。招标文件的修改内容作为招标文件的组成部分，具有约束作用。

9.3　招标文件的澄清、修改、补充等内容均以书面形式明确的内容为准。当招标文件、招标文件的澄清、修改、补充等在同一内容的表述上不一致时，以最后发出的书面文件为准。

9.4　为使投标人在编制投标文件时有充分的时间对招标文件的澄清、修改、补充等内容进行研究，招标人将酌情延长提交投标文件的截止时间，具体时间将在招标文件的修改、补充通知中予以明确。

（三）投标文件的编制

10　投标文件的语言及度量衡单位

10.1　投标文件和与投标有关的所有文件均应使用简体中文。

10.2　除工程规范另有规定外，投标文件使用的度量衡单位，均采用中华人民共和国法定计量单位。

11　投标文件的组成

11.1　投标文件由投标函部分、商务部分和技术部分三部分组成。

11.2　投标函部分主要包括下列内容：

11.2.1　法定代表人身份证明书；

11.2.2　投标文件签署授权委托书；

11.2.3　投标函；

11.2.4　投标函附录；

11.2.5　招标文件要求投标人提交的其他投标资料。

11.3　商务部分主要包括下列内容：

（1）投标报价说明；

（2）投标报价汇总表；

（3）主要材料清单报价表；

（4）设备清单报价表；

（5）分部工程工料价格计算表；

（6）分部工程费用计算表；

（7）投标报价需要的其他资料。

11.4　技术部分主要包括下列内容：

11.4.1　施工组织设计

（1）拟投入的主要施工机械设备表；

（2）劳动力计划表；

（3）计划开、竣工日期和施工进度网络图；

（4）施工总平面图；

（5）临时用地表。

11.4.2　项目管理机构配备情况

（1）项目管理机构配备情况表；

（2）项目经理简历表；

（3）项目技术负责人简历表；

（4）项目管理机构配备情况辅助说明资料。

11.4.3　拟分包项目情况表。

12　投标文件格式

12.1　投标文件包括本须知第11条中规定的内容，提倡投标人提交的投标文件使用招标文件所提供的投标文件全部格式（表格可以按同样格式扩展）。

13　投标报价

13.1　本工程的投标报价采用投标须知前附表第10项所规定的方式。

13.2　投标报价为投标人在投标文件中提出的各项支付金额的总和。

13.3　投标人的投标报价，应是完成本须知第2条和合同条款上所列招标工程范围及工期的全部，不得以任何理由予以重复，作为投标人计算单价或总价的依据。

13.4　本招标工程的施工地点为本须知前附表第2项所述，除非合同中另有规定，投标人在报价中具有标价的单价和合价，以及投标报价汇总表中的价格均包括完成该工程项目的成本、利润、税金、开办费、技术措施费、大型机械进出场费、风险费、政策性文件规定费用等所有费用。

13.5　投标人可先到工地踏勘以充分了解工地位置、情况、道路、储存空间、装卸限制及任何其他足以影响承包价的情况，任何因忽视或误解工地情况而导致的索赔或工期延长申请将不被批准。

13.6　本工程全部采用预拌钢筋混凝土。

13.7　本工程钢筋费用按照市场价格调整。

13.8　本工程如在施工当中发生洽商变更，按实调整。

14　投标货币

14.1　本工程投标报价采用的币种为人民币。

15　投标有效期

15.1　投标有效期见本须知前附表第12项所规定的期限，在此期限内，凡符合本招标文件要求的投标文件均保持有效。

15.2　在特殊情况下，招标人在原定投标有效期内，可以根据需要以书面形式向投标人提出延长投标有效期的要求，对此要求投标人须以书面形式予以答复。

16　投标文件的份数和签署

16.1　投标人应按本须知前附表第16项规定的份数提交投标文件。

16.2　投标文件的正本和副本均需打印或使用不褪色的蓝、黑墨水笔书写，字迹应清晰易于辨认，并应在投标文件封面的右上角清楚地注明“正本”或“副本”。正本和副本如有不一致之处，以正本为准。

16.3　投标文件封面、投标函均应加盖投标人印章并经法定代表人或其委托代理人签字或盖章。由委托代理人签字或盖章的在投标文件中须同时提交投标文件签署授权委托书。投标文件签署授权委托书格式、签字、盖章及内容均应符合要求，否则投标文件签署授权委托书无效。

16.4　除投标人对错误处须修改外，全套投标文件应无涂改或行间插字和增删。如有修改，修改处应由投标人加盖投标人的印章或由投标文件签字人签字或盖章。但施工组织设计中不得有任何形式的修改。

（四）投标文件的提交

17　投标文件的装订、密封和标记

17.1　投标文件的装订要求全部采用A4纸张格式。

17.2　投标人应将所有投标文件的正本和副本分别密封，并在密封袋上清楚地标明“正本”或“副本”。

17.3　在投标文件密封袋上均应：

17.3.1　写明招标人名称。

17.3.2　注明下列识别标志：

（1）工程名称：

（2）2006年____月____日____时____分开标，此时间以前不得开封。

17.4　如果投标文件没有按本投标须知第17.1款、第17.2款和第17.3款的规定装订和加写标记及密封，招标人将不承担投标文件提前开封的责任。对由此造成提前开封的投标文件将予以拒绝，并退还给投标人。

17.5　所有投标文件的密封袋的封口处应用密封条密封，并在密封条上加盖投标单位公章和法人代表印章各两枚；投标文件正面前加盖公章和法人代表印章各一枚。

18　投标文件的提交

18.1　投标人应按本须知前附表第17项所规定的地点，于截止时间前提交投标文件。

19　投标文件提交的截止时间

19.1　投标文件的截止时间见本须知前附表第17项规定。

19.2　招标人可按本须知第9条规定以修改补充通知的方式，酌情延长提交投标文件的截止时间。在此情况下，投标人的所有权利和义务以及投标人受制约的截止时间，均以延长后新的投标截止时间为准。

19.3　到投标截止时间止，招标人收到的投标文件少于3个的，招标人将依法重新组织招标。

20　迟交的投标文件

20.1　招标人在本须知第19条规定的投标截止时间以后收到的投标文件，将被拒绝并退回给投标人。

21　投标文件的补充、修改与撤回

21.1　投标人在提交投标文件以后，在规定的投标截止时间之前，可以书面形式补充修改或撤回已提交的投标文件，并以书面形式通知招标人。补充、修改的内容为投标文件的组成部分。

21.2　投标人对投标文件的补充、修改，应按本须知第17条有关规定密封、标记和提交，并在投标文件密封袋上清楚标明“补充、修改”或“撤回”字样。

21.3　在投标截止时间之后，投标人不得补充、修改投标文件。

21.4　在投标截止时间至投标有效期满之前，投标人不得撤回其投标文件。

22　评标时的废标

出现下列情况之一的投标应判定为废标：

22.1　按照招标文件规定被当场废除的；

22.2　经过各方签字确认的开标会记录显示投标人法定代表人未参加开标会议，又未指定代理人（以法定代表人授权委托书为准）或虽参加开标会议但无规定的委托书和能够证明其身份的证件的；

22.3　投标文件未按投标须知要求盖投标人公章或无法定代表人或法定代表人授权的代理人签字或盖章的；

22.4　投标人递交两份或多份内容不同的投标文件，或在一份投标文件中对同一招标项目报有两个或多个报价，且未声明哪一个有效的；

22.5　有资格预审时，投标人名称与通过资格预审时的名称不一致的；

22.6 联合体投标未附联合体各方共同投标协议的；

22.7 未能通过本办法中规定的符合性和完整性评审的；

22.8 投标人报价明显低于标底或社会平均价格水平，被评标委员会认为有可能低于其个别成本，且不能合理是说明或提供相关证明材料的；

22.9 投标人拒绝按本办法所进行的算术错误和不平衡报价修正结果或拒绝对评标委员会的质疑进行澄清的；

22.10 评标过程中，招标人或评标委员会发现投标人以他人名义投标。串通投标、欺诈、威胁、以行贿手段或其他弄虚作假方式谋取中标。采取可能影响评标公正性的不正当手段的；

22.11 投标人的投标行为违反招标投标法以及招标文件及本办法其他有关实质性规定的；

22.12 参加开标会的法人代表或其委托代理人未能出示法人委托书和身份证明的。

22.13 安全防护和文明措施不完善或其取费低于规定标准的。

22.14 投标人未按招标文件中提供的暂估价报价的。

（五）开标

23 开标

23.1 招标人按本须知前附表第18项所规定的时间和地点公开开标，并邀请所有投标人参加。

23.2 按规定提交合格的撤回通知的投标文件不予开封，并退回给投标人；按本须知第23条规定确定为无效的投标文件，不予送交评审。

23.3 开标程序：

23.3.1 开标由招标人主持；

23.3.2 由投标人或其推选的代表检查投标文件的密封情况，也可以由招标人委托的公证机构检查并公证；

23.3.3 经确认无误后，由有关工作人员当众拆封，宣读投标人名称、投标价格和投标文件的其他主要内容。

23.4 招标人在招标文件要求提交投标文件的截止时间前收到的投标文件，开标时都应当众予以拆封、宣读。

23.5 招标人对开标过程进行记录，并存档备查。

24 投标文件的有效性

24.1 开标时，投标文件出现下列情形之一的，应当作为无效投标文件，不得进入评标：

24.1.1 投标文件未按照本须知第17条的要求装订、密封和标记的；

24.1.2 投标书逾期送达到指定地点；

24.2 招标人将有效投标文件，送评标委员会进行评审、比较。

（六）评标

25 评标委员会与评标

25.1 评标委员会由招标人依法组建，负责评标活动。

25.2 开标结束后，开始评标，评标采用保密方式进行。

26 评标过程的保密

26.1 开标后，直至授予中标人合同为止，凡属于对投标文件的审查、澄清、评价和比较的有关资料以及中标候选人的推荐情况，与评标有关的其他任何情况均严格保密。

26.2 在投标文件的评审和比较、中标候选人推荐以及授予合同的过程中，投标人向招标人和评标委员会施加影响的任何行为，都将会导致其投标被拒绝。

26.3 中标人确定后，招标人不对未中标人就评标过程以及未能中标原因作出任何解释。未中标人不得向评标委员会组成人员或其他有关人员索问评标过程的情况和材料。

27 投标文件的澄清

27.1 为有助于投标文件的审查、评价和比较，评标委员会可以书面形式要求投标人对投标文件含义不明确的内容作必要的澄清或说明，投标人应采用书面形式进行澄清或说明，但不得超出投标文件的范围或改变投标文件的实质性内容。根据本须知第29条规定，凡属于评标委员会在评标中发现的计算错误进行核实的修改不在此列。

28 投标文件的初步评审

28.1 开标后，经招标人审查符合本须知第24条有关规定的投标文件，才能提交评标委员会进行评审。

28.2 评标时，评标委员会将首先评定每份投标文件是否在实质上响应了招标文件的要求。所谓实质上响应，是指投标文件应与招标文件的所有实质性条款、条件和要求相符，无显著差异或保留，或者对合同中约定的招标人的权利和投标人的义务方面造成重大的限制，纠正这些显著差异或保留将会对其他实质上响应招标文件要求的投标文件的投标人的竞争地位产生不公正的影响。

28.3 如果投标文件实质上不响应招标文件的各项要求，评标委员会将予以拒绝，并且不允许投标人通过修改或撤销其不符合要求的差异或保留，使之成为具有响应性的投标。

29 投标文件计算错误的修正

29.1 评标委员会将对确定为实质上响应招标文件要求的投标文件进行校核，看其是否有计算或表达上的错误，修正错误的原则如下：

29.1.1 如果数字表示的金额和用文字表示的金额不一致时，应以文字表示的金额为准；

29.1.2 当单价与数量的乘积与合价不一致时，以单价为准，除非评标委员会认为单价有明显的小数点错误，此时应以标出的合价为准，并修改单价。

29.2 按上述修正错误的原则及方法调整或修正投标文件的投标报价，投标人同意后，调整后的投标报价对投标人起约束作用。如果投标人不接受修正后的报价，则其投标将被拒绝并且其投标担保也将被没收，并不影响评标工作。

30 投标文件的评审、比较和否决

30.1 评标委员会将按照本须知第28条规定，仅对在实质上响应招标文件要求的投标文件进行评估和比较。

30.2 在评审过程中，评标委员会可以书面形式要求投标人就投标文件中含义不明确的内容进行书面说明并提供相关材料。

30.3　评标委员会依据本须知前附表第19项规定的评标标准和方法，对投标文件进行评审和比较，向招标人提出书面评标报告，并推荐合格的中标候选人。招标人根据评标委员会提出的书面评标报告和推荐的中标候选人确定中标人，也可以授权评标委员会直接确定中标人。

30.4　评标方法和标准（具体见后附评标办法）

30.4.1　综合评估法：即最大限度地满足招标文件中规定的各项综合评价标准，将报价、施工组织设计、质量保证、工期保证、业绩与信誉等赋予不同的权重，用打分方法，评出中标人。

30.5　评标委员会经评审，认为所有投标都不符合招标文件要求的，可以否决所有投标。所有投标被否决后，招标人应当依法重新招标。

（七）合同的授予

31　合同授予标准

31.1　本招标工程的施工合同将授予按本须知第30.3款所确定的中标人。

32　招标人拒绝投标的权力

32.1　招标人不承诺将合同授予报价最低的投标人。招标人在发出中标通知书前，有权依据评标委员会的评标报告拒绝不合格的投标。

33　中标通知书

33.1　中标人确定后，招标人将于15日内向工程所在地的县级以上地方人民政府建设行政主管部门提交施工招标情况的书面报告。

33.2　招标人将在发出中标通知书的同时，将中标结果以书面形式通知所有未中标的投标人。

34　合同协议书的签订

34.1　招标人与中标人将于中标通知书发出之日起30日内，按照招标文件和中标人的投标文件订立书面工程施工合同，招标人和中标人不得再行订立背离合同实质性内容的其他协议。

34.2　中标人应当按照合同约定履行义务，完成中标项目施工，不得将中标项目施工转让（转包）给他人。

35　履约担保

35.1　签订合同时，中标人应按本须知前附表第20项规定的金额向招标人提交履约担保。

35.2　招标人要求中标人提交履约担保时，招标人也将在中标人提交履约担保的同时，按本须知前附表第20项规定的金额向中标人提供同等数额的工程款支付担保。

第三章　合同文件格式（略）

第四章　工程建设标准

1　依据设计文件的要求，本招标工程项目的材料、设备、施工须达到下列现行中华人民共和国以及省、自治区、直辖市或行业的工程建设标准、规范的要求。

1.1　测量规范（GBJ 50026—93）；

1.2　《建筑地基基础工程施工质量验收规范》（GB 50202—2002）

第五章　图　　纸

图纸清单　　　　表 3-29

设计人：____________　　　　共________页第________页

序号	图　　号	图纸名称	日　期	备　　注
1	建施—1—	首页等		详见施工图
2				
3	结施—1—	图纸目录等		详见施工图
4				
5	电施—1—	首页等		详见施工图
6				
7	设施—1—	首页等		详见施工图
8				
9				
……	……	……		……

标准图集清单　　　　表 3-30

共________页第________页

序号	图集编号	图集名称	日　期	编写人
1	GB 50096—1999	住宅设计规范		
2	JGJ 37—87	民用建筑设计通则		
3	GBJ 16—87	建筑设计防火规范		
4	GB 50180—93	城市居住区规划设计规范		
……	……	……		

第六章　投标文件投标函部分格式

一、法定代表人身份证明书

二、投标文件签署授权委托书

三、投标函

四、投标函附录

第七章　投标文件商务部分格式

投标报价说明

1. 本报价依据本工程投标须知和合同文件的有关条款进行编制。

2. 分部工程工料价格计算表中所填入的工料单价和合价，为分部工程所涉及的全部项目的价格，是按照有关定额的人工、材料、机械消耗量标准及市场价格计算、确定的直接费。其他直接费、间接费、利润、税金和有关文件规定的调价、材料差价、设备价格、现场因素费用、施工技术措施费等按现行的计算方法计取，计入分部工程费用计算表中。

3. 本报价中没有填写的项目的费用，视为已包括在其他项目之中。

4. 本报价的币种为人民币。

5. 投标人应将投标价需要说明的事项，用文字书写与投标报价表一并报送。

6. 投标报价具体表格形式由投标单位自行设计填写。

第八章　投标文件技术部分格式

施工组织设计

1　投标人应编制施工组织设计，包括招标文件第一卷第一章投标须知 11.4 项规定的施工组织设计基本内容。编制具体要求是：编制时应采用文字并结合图表形式说明各分部分项工程的施工方法；拟投入的主要施工机械设备情况、劳动力计划等；结合招标工程特点提出切实可行的工程质量、安全生产、文明施工、工程进度、技术组织措施，同时应对关键工序、复杂环节重点提出相应技术措施，如冬雨期施工技术措施、减少扰民噪声、降低环境污染技术措施、地下管线及其他地上地下设施的保护加固措施等。

2　施工组织设计除采用文字表述外应附下列图表，图表及格式要求附后。

2.1　拟投入的主要施工机械设备表

2.2　劳动力计划表

2.3　计划开、竣工日期和施工进度网络图

2.4　施工总平面图

2.5　临时用地表

附录：评标办法

公寓、办公及商业工程评标办法

一、评标办法的类别

本工程采用综合评估法或称综合定量评标法进行评标。

本工程不设标底。

二、评标办法的基本要求和规定

1. 评标符合现有的法律、法规、规章和政府管理规定的要求。

2. 评标委员会专家人员的组成。

本工程评标委员会共由 5 人组成，其中 4 名专家从北京市招投标管理机构专家名册中抽取决定，另 1 名评标人员由北京市城乡房屋建设开发公司自行确定；评标委员会中技术和经济专家的比例不少于总人数的三分之二；评标委员会专家资格必须提交北京市建设工程招标投标管理监督管理机构备案后才能进行评标工作。

3. 钢材、水泥、木材的“三材”指标不作为评分内容。

4. 在任何情况下，招标人和中标人都不应修改投标文件中的实质性内容，尤其是投标价格（投标书中标明的总价）。

5. 中标候选人为三名，按得分高低进行排列。

三、经济标：60 分

1. 本工程不采用标底；采用基准价评标。

2. 本工程经济标基准价为，各有效投标价格的算术平均值。

即：基准价=（各有效投标报价之和）/有效投标数量

3. 经济标最高得分为 60 分，以投标价格与基准价的差额区间设定评分标准，等于或负接近“基准价”的投标价格得分最高。

4. 得分区间划分。
与基准价差额大于5%的投标价格：42分
与基准价差额在4%至5%（含4%）之间的投标价格：45分
与基准价差额在3%至4%（含3%）之间的投标价格：48分
与基准价差额在2%至3%（含2%）之间的投标价格：51分
与基准价差额在1%至2%（含1%）之间的投标价格：54分
与基准价差额在0至1%（含0）之间的投标价格：57分
与基准价差额在0至−1%（含−1%）之间的投标价格：60分
与基准价差额在−1%至−2%（含−2%）之间的投标价格：58.2分
与基准价差额在−2%至−3%（含−3%）之间的投标价格：56.4分
与基准价差额在−3%至−4%（含−4%）之间的投标价格：54.6分
与基准价差额在−4%至−5%（含−5%）之间的投标价格：52.8分
与基准价差额小于−5%的投标价格：51分

四、技术标：40分

1. 施工组织设计：35分
(1) 结构质量要求，竣工质量要求；3分
满足工程质量要求3分
(2) 施工工期；3分
满足工期要求2分，合理提前工期3分
(3) 各分部分项工程安排合理性；3分
安排合理3分；较合理2分；其余1分。
(4) 采用施工新工艺比例；3分
符合本工程要求且能提高质量及生产进度3分；有新工艺2分；无1分
(5) 材料节约措施，文明施工措施，扬尘控制4分
安排合理4分；安排一般2分；无1分
(6) 施工进度计划安排的合理性、可靠性；4分
安排合理满足要求4分；其余2分
(7) 机械化设备的应用情况；3分
运用合理3分；运用一般2分；运用混乱1分
(8) 防止建筑施工通病的有效措施；3分
措施严谨切实可行3分；一般2分；无措施1分
(9) 施工质量控制；3分
控制合理3分；其他1分
(10) 雨期施工措施；3分
措施得当3分；一般2分
(11) 材料设备进厂检验措施；3分
步骤明确，措施严谨3分；一般2分
2. 安全生产措施5分

措施明确、步骤严谨、切实可行 5 分；一般 3 分

五、中标单位的确定

根据最终评标结果，结合被推荐中标人的最终得分，原则选取最高分投标人为中标人；当第一名因不可抗力，未按时签订合同或未按时提交履约保函等而放弃中标时，排名第二的投标单位为中标候选人；当第二名也放弃中标时，第三名为中标候选人；直至第三名也放弃中标时，招标单位重新组织招投标。

工程评标打分表 **表 3-31**

评分项目	细项评分标准	标准分	投标单位实际得分	
经济标 60 分	与基准价差额大于 5%的投标价格	42		
	差额在 4%至 5%（含 4%）之间的投标价格	45		
	差额在 3%至 4%（含 3%）之间的投标价格	48	投标单位名称：	
	差额在 2%至 3%（含 2%）之间的投标价格	51		
	差额在 1%至 2%（含 1%）之间的投标价格	54		
	差额在 0 至 1%（含 0）之间的投标价格；	57		
	差额在 0（含 0）至−1%（含−1%）之间的投标价格	60		
	差额在−1%至−2%（含−2%）之间的投标价格	58.2		
	差额在−2%至−3%（含−3%）之间的投标价格	56.4		
	差额在−3%至−4%（含−4%）之间的投标价格	54.6	经济标得分：	
	差额在−4%至−5%（含−5%）之间的投标价格	52.8		
	差额小于−5%的投标价格	51		
评委意见			得分	详细评审意见
施工组织设计 35 分	结构质量要求，竣工质量要求：满足工程质量要求 3 分	3		
	施工工期：满足工期要求 2 分；合理提前工期 3 分	3		
	各分部分项工程安排合理性：安排合理 3 分；较合理 2 分；其余 1 分	3		
	采用施工新工艺比例； 符合本工程要求且能提高质量及生产进度 3 分；有新工艺 2 分；无 1 分	3		
	材料节约措施，文明施工措施、扬尘控制 安排合理 4 分；安排一般 2 分；无 1 分	4		
	施工进度计划安排的合理性、可靠性； 安排合理满足要求 4 分；其余 2 分	4		
	机械化设备的应用情况； 运用合理 3 分；运用一般 2 分；运用混乱 1 分	3		
	防止建筑施工通病的有效措施； 措施严谨切实可行 3 分；一般 2 分；无措施 1 分	3		
	施工质量控制； 措施明确，切实可行 3 分；一般 1 分	3		
	材料设备进厂检验措施； 步骤明确，措施严谨 3 分；一般 2 分	3		
	雨季施工措施； 措施得当 3 分；一般 2 分	3		
施工组织设计得分		35		
评委意见				
安全生产措施（5 分）	措施明确、步骤严谨、切实可行 5 分；一般 3 分	5		
评委意见				
合计				

专项实训一：招标文件的识读

1. 实践目的

通过招标文件的识读，学生熟悉建筑工程招标文件的内容及要求，具备识读建筑工程招标文件的能力，具备通过网站查询有关招标信息能力。为编制建筑施工招标文件奠定基础，为学生毕业后在工程咨询公司、建设单位从事招标相关工作奠定基础。

2. 实践（训练）方式

学生在教师指导下分组进行。具体步骤如下：

（1）学生分组：3～4人，由各组组长负责。

（2）教师提前准备招标文件，分组颁发，学生采取学习、提问、讨论的方式，读懂招标文件。

（3）成立学习小组，通过省（市）招标投标信息平台，查看建筑工程招标公告、资格预审公告、中标结果公告、开标公告等信息，使学生具备通过网站查询有关招标信息能力。

3. 实践（训练）内容和要求

（1）认真完成学习日记。

（2）完成实践（训练）总结

专项实训二：施工招标文件的编制

1. 实践目的

通过专项实训一的训练，学生已熟悉建筑工程招标文件的内容及要求，具备识读建筑工程招标文件的能力，具备通过网站查询有关招标信息能力。专项训练二，学生参考中华人民共和国《标准施工招标文件》，在教师的指导下独立地完成实际建设工程施工招标文件的编制。使学生具有独立编写建筑工程施工招标文件能力，为学生毕业后在工程咨询公司、建设单位从事招标相关工作奠定基础。

2. 实践（训练）方式

学生在教师的指导下独立完成。具体步骤如下：

（1）教师提供建筑施工工程背景材料。

（2）学生根据背景材料，参考中华人民共和国《标准施工招标文件》格式，先制定编写计划，由教师审核。

（3）按照计划进度，学生独立编写施工招标文件

3. 实践（训练）内容和要求

（1）制定编写计划；

（2）认真完成学习日记。

（3）完成实践（训练）总结

小　　结

建筑工程招标一般按下列程序进行：建设项目报建；编制招标文件；发放招标文件；开标、评标与定标；签订合同。招标主要工作为对投标者的资格预审或资格后审；招标文

件的编制；建设工程标底的确定；评标。

标底是招标工程预期的价格或费用，是招标人对招标工程所需要的自我测量和估计；是上级主管部门核实建设规模的依据；更是判断投标报价合理性的依据。标底编制方法有工料单价法和综合单价法。

复习思考题

1. 建筑工程招标程序是什么？
2. 建筑工程施工招标的主要工作有哪些？
3. 对投标者资格预审的作用是什么？
4. 招标标底编制的方法有几种？
5. 标底审定的内容有哪些？

第四章　建筑工程施工投标文件的编制

【能力目标、知识目标】

本章需要了解投标准备工作的各项细节，投标技巧及报价确定，熟悉投标文件编制内容及要求，重点在商务标的编制、技术标及附件的编制。通过专项实训，具备编制招标文件、资格预审文件和投标文件中的附件的应用能力。

第一节　工程施工投标主要工作

建筑工程施工投标中最主要的是获取投标信息、投标决策，确定投标策略及投标技巧、投标标价、编制投标文件。

一、投标准备工作——获取投标信息

为使投标工作取得预期的效果，投标人必须做好获得投标信息的准备工作。对于公开招标的项目，多数属于政府投资或国家融资的工程，一般均在报刊等新闻媒体上刊登招标公告或资格预审通告。但是，经验告诉我们，对于一些大型或复杂的项目，待看到招标公告或资格预审通告后，再做投标准备工作可能时间会非常仓促，使得投标工作处于被动不利的地位。因此，有必要提前介入，一方面平日要做好信息、资料的积累整理工作；另一方面要提前跟踪项目。

获取投标项目信息的主要渠道有：

（1）根据我国国民经济建设的五年建设规划和投资发展规模；近一段时期国家的财政、金融政策所确定的中央和地方重点建设项目和企业技术改造项目计划；

（2）如果建设项目已经立项，可从投资主管部门、建设银行、政策性金融机构处获取具体投资规划等信息；

（3）了解大型企业的新建、扩建和改建项目计划；

（4）收集同行业其他投标人对工程建设项目的意向；

（5）注意有关项目的新闻报道。

二、作出投标决策

1. 投标决策的含义

投标人通过投标取得项目，是市场经济条件下的必然。但是，作为投标人来讲，并不是每标必投，因为投标人要想在投标中获胜，即中标得到承包工程，然后又要从承包工程中赢利，就需要研究投标决策的问题。

2. 投标决策

投标决策内容：一是针对项目招标是投标或是不投标；二是倘若去投标，是投什么性质的标；三是投标中如何采用以长制短，以优胜劣的技巧。投标决策的正确与否，关系到能否中标和中标后的效益；关系到施工企业的发展前景和员工的经济利益。因此，企业的

决策班子必须充分认识到投标决策的重要意义。

3. 投标的条件

投标的条件一般有：①承包招标项目的可能性与可行性，即是否有能力承包该项目，能否抽调出管理力量、技术力量参加项目实施，竞争对手是否有明显优势等；②招标项目的可靠性，如项目审批是否已经完成、资金是否已经落实等；③招标项目的承包条件；④影响中标机会的内部、外部因素等。

一般来说，下列承包商应该放弃投标：①工程规模、技术要求超过本企业技术等级的项目；②本企业业务范围和经营能力之外的项目；③本企业在手的承包任务比较饱满，而招标工程有较大风险的项目；④本企业技术等级、经营、施工水平明显不如竞争对手的项目。

如果确定投标，则应根据工程的具体情况，确定投标策略。

4. 投标决策阶段划分

按性质分，投标有风险标和保险标；按效益分，投标有赢利标和保本标。

风险标：明知工程承包难度大、风险大，且技术、设备、资金上都有未解决的问题，但由于队伍窝工，或因为工程赢利丰厚，或为了开拓新技术领域而决定参加投标，同时设法解决存在的问题，即是风险标。投标后，如问题解决得好，可取得较好的经济效益，可锻炼出一支好的施工队伍，使企业更上一层楼；解决得不好，企业的信誉就会受到损害，严重者可能导致企业亏损以致破产。因此，投风险标必须审慎从事。

保险标：对可以预见的情况，从技术、设备、资金等重大问题都有了解决的对策之后再投标，谓之保险标。企业经济实力较弱，经不起失误的打击，则往往投保险标。当前，我国施工企业多数都愿意投保险标，特别是在国际工程承包市场上投保险标。

赢利标：如果招标工程既是本企业的强项，且又是竞争对手的弱项；或建设单位意向明确；或本企业任务饱满，利润丰厚，才考虑让企业超负荷运转时，此种情况下的投标，称投赢利标。

保本标：当企业无后继工程，或已经出现部分窝工，必须争取中标。但招标的工程项目本企业又无优势可言，竞争对手又多，此时，就是投保本标。

5. 影响投标决策的主要因素

在建设工程投标过程中，有多种因素影响投标决策，只有认真分析各种因素，对多方面因素进行综合考虑，才能做出正确的投标决策。一般来说，进行投标决策时，应考虑以下两个方面的因素：

（1）投标人自身方面的因素（主观原因）。自身方面的因素包括技术方面的实力、经济方面的实力、管理方面的实力以及信誉方面的实力等。

（2）外部因素（客观原因）。外部因素包括：业主和监理工程师的情况、竞争对手实力和竞争形势情况、法律法规情况、工程风险情况等。

三、建筑工程投标报价的确定

建筑工程投标报价的确定参见本章第三节。

四、投标技巧

投标技巧研究，是在保证工程质量与工期条件下，寻求一个好的报价的技巧问题。投标人为了中标并获得期望的效益，投标程序全过程几乎都要研究投标报价技巧问题。

如果以投标程序中的开标为界，可将投标的技巧研究分为两个阶段，即开标前的技巧研究和开标至签订合同的技巧研究。

（一）开标前的投标技巧研究

1. 不平衡报价

不平衡报价，指在总价基本确定的前提下，如何调整内部各个子项的报价，使其既不影响总报价，又在中标后投标人可尽早收回垫支于工程中的资金和获取较好的经济效益。但要注意避免畸高畸低现象，避免失去中标机会。通常采用的不平衡报价有下列几种情况：

（1）对能早期结账收回工程款的项目（如土方、基础等）的单价可报以较高价，以利于资金周转；对后期项目（如装饰、电气设备安装等）单价可适当降低。

（2）估计今后工程量可能增加的项目，其单价可提高，而工程量可能减少的项目，其单价可降低。

但上述两点要统筹考虑，对于工程量有错误的早期工程，如不可能完成工程量表中的数量，则不能盲目抬高单价，需要具体分析后再确定。

（3）图纸内容不明确或有错误，估计修改后工程量要增加的，其单价可提高；而工程内容不明确的，其单价可降低。

（4）没有工程量只填报单价的项目（如疏浚工程中的开挖淤泥工作等），其单价宜高。这样，既不影响总的投标报价，又可多获利。

（5）对于暂定项目，其实施的可能性大的项目，价格可定高价；估计该工程不一定实施的，可定低价。

2. 零星用工（计日工）

一般可稍高于工程单价表中的工资单价。之所以这样做是因为零星用工不属于承包有效合同总价的范围，发生时实报实销，也可多获利。

3. 多方案报价法

多方案报价法，指利用工程说明书或合同条款不够明确之处，以争取达到修改工程说明和合同为目的的一种报价方法。当工程说明书或合同条款不够明确时，往往使投标人承担较大风险。为了减少风险就必须扩大工程单价，增加“不可预见费”，但这样做又会因报价过高而增加被淘汰的可能性。多方案报价法就是为对付这种两难局面而出现的。其具体做法是在标书上报两种价目单价，一是按原工程说明书合同条款报一个价，二是加以注解，“如工程说明书或合同条款可作某些改变时”，则可降低多少的费用，使报价成为最低，以吸引业主修改说明书和合同条款。

还有一种方法是对工程中一部分没有把握的工作，注明按成本加若干酬金结算的办法。但是，如有规定，政府工程合同的方案是不容许改动的，而且经过改动的报价单即为无准备时，这个方法就不能使用。

4. 联保法

一家实力不足，联合其他企业分别进行投标。无论谁家中标，都联合进行施工。

（二）开标后的投标技巧研究

投标人通过公开开标这一程序可以得知众多投标人的报价。但低价并不一定中标，需要综合各方面的因素，反复审议，经过招标谈判，方能确定中标人。若投标人利用招标谈判施展竞争手段，就可以变自己的投标书的不利因素为有利因素，大大提高获胜机会。

招标谈判，通常是选2～3家条件较优者进行。招标人可分别向他们发出通知进行招标谈判。从招标的原则来看，投标人在标书有效期内，是不能修改其报价的。但是，某些招标谈判可以例外。在招标谈判中的投标技巧主要有：

1. 降低投标价格

投标价格不是中标的唯一因素，但却是中标的关键性因素。在议标中，投标者适时提出降低要求是议标的主要手段。需要注意的是：其一，要摸清招标人的意图，在得到其希望降低标价的暗示后，再提出降低的要求。因为，有些国家的政府关于招标的法规中规定，已投出的投标书不得改动任何文字。若有改动，投标即告无效。其二，降低投标价要适当，不得损害投标人自己的利益。降低投标价格可从三方面入手，即降低投标利润、降低经营管理费和设定降价系数。

投标利润的确定，既要围绕争取未来最大收益这个目标而订立，又要考虑中标率和竞争人数因素的影响。通常，投标人准备两个价格，即准备应付一般情况的适中价格，又同时准备应付竞争特殊环境需要的替代价格，它是通过调整报价利润所得出的总报价。两价格中，后者可以低于前者，也可以高于前者。如果需要降低投标报价，即可采用低于适中价格，使利润减少以降低投标报价。

经营管理费，应该作为间接成本进行计算。为了竞争的需要也可以降低这部分费用。降低系数，是指投标人在投标作价时，预先考虑一个未来可能降低的系数。如果开标后需要降低竞争，就可以参照这个系数进行降价，如果竞争局面对投标人有利，则不必降价。

2. 补充投标优惠条件

除中标的关键因素——价格外，在议标谈判的技巧中，还可以考虑其他许多重要因素，如缩短工期，提高工程质量，降低支付条件要求，提出新技术和新设计方案，以及提供补充物资和设备等，以此优惠条件争取得到招标人的赞许，争取中标。

五、投标文件编制

投标文件编制参见本章第二～四节。

第二节　投标文件的编制内容及要求

一、概述

投标文件是承包商参与投标竞争的重要凭证；是评标、决标和订立合同的依据；是投标人素质的综合反映和投标人能否取得经济效益的重要因素。可见，投标人应对编制投标文件的工作倍加重视。

建设工程投标人应按照招标文件的要求编制投标文件。

二、编制投标文件的要求

1. 准备工作

(1) 组织投标班子。确定投标文件编制的人员。

（2）仔细阅读诸如投标须知、投标书附件等招标文件。

（3）投标人应根据图纸审核工程量表的分项、分部工程的内容和数量。如发现“内容”、“数量”有误时，在收到招标文件7日内以书面形式向招标人提出。

（4）收集现行定额标准、取费标准及各类标准图集。掌握政策性调整文件。

2. 必须符合以下的条件

（1）必须明确向招标人表示愿以招标文件的内容订立合同的意思；

（2）必须对招标文件提出的实质性要求和条件作出响应（包括技术要求、投标报价要求、评标标准等）；

（3）必须按照规定的时间、地点提交给招标人。

三、编制投标文件的内容

根据招标文件的要求，投标文件由商务标、技术标、附件三大部分构成。商务标是结合工程及企业实际状况编制的投标报价书；技术标主要是结合项目施工现场条件编制施工组织设计；附件是投标人相关证明资料。投标文件编制完成后应仔细核对和整理成册，并按招标文件要求进行密封和标志。

投标文件组成：

1. 商务标

（1）投标函和投标函附录

（2）法定代表人身份证明

（3）授权委托书

（4）联合体协议书

（5）投标保证金

（6）已标价工程量清单

2. 技术标

（7）施工组织设计

（8）项目管理机构

（9）拟分包项目情况表

3. 附件

（10）资格审查资料

（11）投标人须知前附表规定的其他材料

四、编制投标文件的步骤

投标人在领取招标文件以后，就要进行投标文件的编制工作。编制投标文件的一般步骤是：

1. 编制投标文件的准备工作，包括：

（1）熟悉招标文件、图纸、资料，对图纸、资料有不清楚、不理解的地方，可以用书面形式向招标人询问、澄清；

（2）参加招标人组织的施工现场踏勘和答疑会；

（3）调查当地材料供应和价格情况；

（4）了解交通运输条件和有关事项。

2. 实质性响应条款的编制。包括：对合同主要条款的响应，对提供资质证明的响应，对采用的技术规范的响应等。

3. 复核、计算工程量。

4. 编制施工组织设计，确定施工方案。

5. 计算投标报价。

6. 装订成册。

五、编制投标文件的注意事项

1. 投标人编制投标文件时必须使用招标文件提供的投标文件表格格式。填写表格时，凡要求填写的空格都必须填写，否则，即被视为放弃该项要求。重要的项目或数字（如工期、质量等级、价格等）未填写的，将被作为无效或作废的投标文件处理。

2. 编制的投标文件“正本”仅一份“副本”则按招标文件中要求的份数提供，同时要明确标明“投标文件正本”和“投标文件副本”字样。投标文件正本和副本如有不一致之处，以正本为准。

3. 投标文件正本与副本均应使用不能擦去的墨水打印或书写。投标文件的书写要字迹清晰、整洁、美观。

4. 所有投标文件均由投标人的法定代表人签署、加盖印鉴，并加盖法人单位公章。

5. 填报的投标文件应反复校核，保证分项和汇总计算均无错误。全套投标文件均应无涂改和行间插字，除非这些删改是根据招标人的要求进行的，或者是投标人造成的必须修改的错误。修改处应由投标文件签字人签字证明并加盖印鉴。

6. 如招标文件规定投标保证金为合同总价的某百分比时，开具投标保函不要太早，以防泄漏报价。但有的投标人提前开出并故意加大保函金额，以麻痹竞争对手的情况也是存在的。

7. 投标文件应严格按照招标文件的要求进行包封，避免由于包封不合格造成废标。

8. 认真对待招标文件中关于废标的条件，以免被判为无效标而前功尽弃。

第三节　投标文件中商务标的编制

一、商务标投标文件组成

商务标投标文件由以下部分组成：

（1）投标函和投标函附录；

（2）法定代表人身份证明；

（3）授权委托书；

（4）联合体协议书；

（5）投标保证金；

（6）已标价工程量清单与报价表（投标报价）；

（7）承包价编制说明（含让利条件说明）（略）。

二、商务标文件的编制

（1）投标函：投标函是由投标单位授权的代表签署的一份投标文件，对业主和承包商双方均具有约束力的合同的重要部分。其一般格式见表4-1。

(2) 投标函附录：投标函附录是对合同条件规定的重要要求的具体化，其一般格式见表4-2。

(3) 投标保证金：投标保证书可选择银行保函（表4-4）、担保公司、证券公司、保险公司提供担保书，其一般格式见表4-5。

(4) 法定代表人资格证明书。其一般格式同第三章表3-3。

(5) 授权委托书。其一般格式同第三章表3-4。

(6) 具有投价的工程量清单与投价表（投标报价）。

投　标　函　　　　**表4-1**

________（招标人名称）：

1. 我方已仔细研究了________（项目名称）________标段施工招标文件的全部内容，愿意以人民币（大写）________元（¥________）的投标总报价，工期________日历天，按合同约定实施和完成承包工程，修补工程中的任何缺陷，工程质量达到________。

2. 我方承诺在投标有效期内不修改、撤销投标文件。

3. 随同本投标函提交投标保证金一份，金额为人民币（大写）________元（¥________）。

4. 如我方中标：

(1) 我方承诺在收到中标通知书后，在中标通知书规定的期限内与你方签订合同。

(2) 随同本投标函递交的投标函附录属于合同文件的组成部分。

(3) 我方承诺按照招标文件规定向你方递交履约担保。

(4) 我方承诺在合同约定的期限内完成并移交全部合同工程。

5. 我方在此声明，所递交的投标文件及有关资料内容完整、真实和准确，且不存在“投标人须知”第1.4.3项规定的任何一种情形。

6. ________（其他补充说明）。

投标人：________（盖单位章）

法定代表人或其委托代理人：________（签字）

地址：________

网址：________

电话：________

传真：________

邮政编码：________

________年________月________日

投标函附录　　　　**表4-2**

序号	条款名称	合同条款号	约定内容	备　注
1	项目经理	1.1.2.4	姓名：	
2	工期	1.1.4.3	天数：________日历天	
3	缺陷责任期	1.1.4.5		
4	分包	4.3.4		
5	价格调整的差额计算	16.1.1	见价格指数权重表	
……	……	……	……	
……	……	……	……	

投标单位：________（盖章）

法定代表人：________（签字、盖章）

日期：________年________月________日

价格指数权重表 表 4-3

<table>
<tr><td colspan="2" rowspan="2">名称</td><td colspan="2">基本价格指数</td><td colspan="3">权重</td><td rowspan="2">价格指数来源</td></tr>
<tr><td>代号</td><td>指数值</td><td>代号</td><td>允许范围</td><td>投标人建议值</td></tr>
<tr><td colspan="2">定值部分</td><td></td><td></td><td>A</td><td></td><td></td><td></td></tr>
<tr><td rowspan="5">变值
部分</td><td>人工费</td><td>F01</td><td></td><td>B1</td><td>______至______</td><td></td><td></td></tr>
<tr><td>钢材</td><td>F02</td><td></td><td>B2</td><td>______至______</td><td></td><td></td></tr>
<tr><td>水泥</td><td>F03</td><td></td><td>B3</td><td>______至______</td><td></td><td></td></tr>
<tr><td></td><td></td><td></td><td></td><td></td><td></td><td></td></tr>
<tr><td></td><td></td><td></td><td></td><td></td><td></td><td></td></tr>
<tr><td colspan="6">合　　计</td><td>1.00</td><td></td></tr>
</table>

投标保证金银行保函 表 4-4

（招标人名称）：________

鉴于________（投标人名称）（以下称“投标人”）于________年________月________日参加________（项目名称）________标段施工的投标。

本银行________（下称“本银行”）在此承担向招标单位支持总金额人民币________元的责任。

本责任的条件是：

一、如果投标单位在招标文件规定的的投标文件有效期内撤销或修改其投标文件；或

二、如果投标单位人在投标文件有效期内收到招标单位的中标通知书后

1. 不能或拒绝按投标须知的要求签署合同的协议书；或

2. 不能或拒绝按投标须知规定提交履行保证金。

只要招标单位指明投标单位出现以上情况的条件，则本银行在接到招标单位通知就支付上述金额之内的任何金额，并不需要招标单位申述和证实其他的要求。

我方承担保证责任。收到你方书面通知后，在 7 日内无条件向你方支付人民币（大写）________元。

本保函在投标有效期内或招标单位这段时间内延长的投标有效期 28 天保持有效，本银行不要求得到延长有效期通知，但任何索款要求应在有效期内送到本银行。

银行名称：________（盖单位章）

法定代表人或其委托代理人：________（签字）

银行地址：________

邮政编码：________

电话：________

________年________月________日

投标保证金担保书 表 4-5

（招标人名称）：________

鉴于________（投标人名称）（以下称“投标人”）于________年________月________日参加________（项目名称）________标段施工的投标，________（担保人名称，以下简称“我方”）无条件地、不可撤销地保证：投标人在规定的投标文件有效期内撤销或修改其投标文件的，或者投标人在收到中标通知书后无正当理由拒签合同或拒交规定履约担保的，我方承担保证责任。收到你方书面通知后，在 7 日内无条件向你方支付人民币（大写）________元。

本保函在投标有效期内保持有效。要求我方承担保证责任的通知应在投标有效期内送达我方。

担保人名称：________（盖单位章）

法定代表人或其委托代理人：________（签字）

地址：________

邮政编码：________

电话：________

传真：________

________年________月________日

三、工程量清单与报价表

1. 工程量清单招标文件中应按国家颁布的统一工程项目划分、统一计量单位和统一的工程量计算规则，根据施工图纸计算工程量，给出工程量清单，作为投标人投标报价的基础。工程量清单中工程量项目应是施工的全部项目，并且要按一定的格式编写。

工程量清单所列工程量系按招标单位估算和临时作为投标单位共同报价的基础而用的，付款以实际完成的工程量为依据，实际完成工程量由承包单位计量，并由监理工程师核准。

2. 工程量清单报价表

工程量清单报价表是招标人在招标文件中提供给投标人，投标人按表中的项目填报每项的价格，按逐项的价格汇总成整个工程的投标报价。工程量清单中所填的单价和合价，如果采用综合单价时，应说明包括人工费、材料费、机械费、管理费、材料调价、利润、税金以及采用固定价格的工程所测算的风险等全部费用。如果采用工料单价，应说明按照现行预算定额的工料机消耗及预算价格确定出的直接费、其他直接费、间接费、有关文件规定的调整、利润、税金、材料差价、设备价、现场因素费用、施工技术措施费用以及采用固定价格的工程所测算的风险金等按现行规定的计算方法计取，计入总报价中。

在招标文件中列出的供投标人投标报价的工程量清单报价表有

(1) 工程量清单表。参考格式见表 4-6

工程量清单表 **表 4-6**

________（工程项目）________标段

序号	编　码	子目名称	内容描述	单　位	数　量	单　价	合　价
本页报价合计：________________							

(2) 计日工表。参考格式见表 4-7

计日工表 **表 4-7**

编　　号	子目名称	单　　位	暂定数量	单　　价	合　　价
劳务小计金额：________（计入“计日工汇总表”）					

(3) 材料清单表。参考格式见表 4-8

材料清单表 **表 4-8**

编　　号	子目名称	单　　位	暂定数量	单　　价	合　　价
材料小计金额：________（计入“计日工汇总表”）					

(4) 施工机械清单表。参考格式见表 4-9

施工机械清单表 **表 4-9**

编　　号	子目名称	单　　位	暂定数量	单　　价	合　　价
施工机械小计金额：________（计入“计日工汇总表”）					

(5) 计日工汇总表。参考格式见表 4-10

计日工汇总表 **表 4-10**

名　　称	金　　额	备　　注
劳务		
材料		
施工机械		
计日工总计：________（计入“投标报价汇总表”）		

(6) 材料暂估价表，参考格式见表 4-11

材料暂估价表 **表 4-11**

序　　号	名　　称	单　　位	数　　量	单　　价	合　　价	备　　注

（7）工程设备暂估价表，参考格式见表 4-12

工程设备暂估价表 **表 4-12**

序　号	名　称	单　位	数　量	单　价	合　价	备　注

（8）工程设备暂估价表，参考格式见表 4-13

专业工程暂估价表 **表 4-13**

序　号	专业工程名称	工程内容	金　额
小　计			

（9）投标报价汇总表，参考格式见表 4-14

投标报价汇总表 **表 4-14**

________（项目名称）________（标段）

汇总内容	金额	备　注
…… …… 清单小计 A		
包含在清单小计中的材料、工程设备暂估价 B 专业工程暂估价 C 暂列金额 E 包含在暂列金额中的计日工 D 暂估价 F=B+C 规费 G 税金 H 投标报价 P=A+C+E+G+H		

（10）工程量清单单价分析表，参考格式见表 4-15

工程量清单单价分析表 **表 4-15**

序号	编码	子目名称	人工费			材料费						机械使用费	其他	管理费	利润	单价
						主材				辅材费	金额					
			工日	单价	金额	主材耗量	单位	单价	主材费							
…	…	…	…	…	…	…	…	…	…	…	…	…	…	…	…	…

以上工程量清单与报价表格式是按照中华人民共和国《标准施工招标文件》提供的，适合于综合单价投标报价的形式，供学习参考。

3. 工程量清单总说明

（1）工程概况，如建设单位、工程名称、工程范围、建设地点、建筑面积、层高层数、建筑高度、结构形式、主要装饰标准等；

（2）编制工程清单依据和有关资料标准；

（3）主要材料设备的特殊说明；

（4）现场条件说明；

（5）对工程量的确认、工程变更、变更单价的说明；

（6）其他说明。

四、建筑工程施工投标报价

1. 投标报价的组成

（1）建设工程投标报价是建设工程投标内容中的重要部分，是整个建设工程投标活动的核心环节，报价的高低直接影响着能否中标和中标后是否能够获利。

（2）建设工程投标报价主要由工程成本（直接费、间接费）、利润、税金组成。直接费是指工程施工中直接用于工程实体的人工、材料、设备和施工机械使用费等费用的总和；间接费是指组织和管理施工所需的各项费用。直接费和间接费共同构成工程成本。利润是指建筑施工企业承担施工任务时应计取的合理报酬。税金是指施工企业从事生产经营应向国家税务部门交纳的营业税、城市建设维护费及教育费附加。

2. 投标报价的编制方法

建设工程投标报价应该按照招标文件的要求及报价费用的构成，结合施工现场和企业自身情况自主报价。现阶段，我国规定的编制投标报价的方法有两种：一种是工料单价法，另一种是综合单价法。工料单价法是我国长期以来采用的一种报价方法，他是以政府定额或企业定额为依据进行编制的；综合单价法是一种国际惯例计算报价模式，每一项单价中已综合了各种费用。我国的投标报价模式正由工料单价法逐渐向综合单价法过渡。在过渡时期各地普遍采用综合基价法编制报价。

（1）工料单价法

工料单价法（又称定额计价法）是指根据工程量按照现行预算定额的分部分项工程量的单价计算出定额直接费，再按照有关规定另行计算间接费、利润和税金的计价方法。

其编制步骤为：①首先根据招标文件的要求，选定预算定额、费用定额；②根据图纸及说明计算出工程量（如果招标文件中已给出工程量清单，校核即可）；③查套预算定额计算出定额直接费，查套费用定额及有关规定计算出其他直接费、现场管理费、间接费、利润、税金等；④汇总合计计算完整标价。具体计算程序及内容见表 4-16

（2）综合单价法

综合单价法（又称工程量清单计价法）是指分部分项工程量的单价为全费用单价，全费用单价包括完成分部分项工程所发生的直接费、间接费、利润、税金。

综合单价法编制投标报价的步骤为：①首先根据企业定额或参照预算定额及市场材料价格确定各分部分项工程量清单的综合单价，该单价包含完成清单所列分部分项工程的成本、利润和税金；②以给定的各分部分项工程的工程量及综合单价确定工程费；③结合投标企业自身的情况及工程的规模、质量、工期要求等确定其他和工程有关的费用。其格式同见工程量清单报价表。

工料单价法计算程序及内容 **表 4-16**

<table>
<tr><th colspan="3">项　目</th><th>计算方法</th><th>备　注</th></tr>
<tr><td rowspan="5">直接工程费</td><td rowspan="3">直接费</td><td>人工费</td><td>Σ（预算定额人工费×分项工程量）</td><td></td></tr>
<tr><td>材料费</td><td>Σ（预算定额材料费×分项工程量）</td><td></td></tr>
<tr><td>机械费</td><td>Σ（预算定额机械费×分项工程量）</td><td></td></tr>
<tr><td colspan="2">其他直接费</td><td rowspan="2">（人工费＋材料费＋机械费）×相应费率</td><td></td></tr>
<tr><td colspan="2">现场经费</td><td></td></tr>
<tr><td rowspan="3">间接费</td><td colspan="2">企业管理费</td><td rowspan="3">直接工程费×相应费率</td><td></td></tr>
<tr><td colspan="2">财务费</td><td></td></tr>
<tr><td colspan="2">其他费</td><td></td></tr>
<tr><td colspan="3">计划利润</td><td>（直接工程费＋间接费）×计划利润率</td><td></td></tr>
<tr><td colspan="3">税金</td><td>（直接工程费＋间接费＋计划利润率）×税率</td><td></td></tr>
<tr><td colspan="3">报价合计</td><td>直接工程费＋间接费＋计划利润＋税金</td><td></td></tr>
</table>

（3）综合基价法

综合基价法是在工料单价法的基础上，重新划分了费用项目，预算定额中的基价包含了形成工程实体的人工费、材料费、机械费和管理费，即综合基价。把施工措施费单列，其计算程序及内容见表 4-17

综合基价法计算程序及内容 表 4-17

序号	项　目	计 算 方 法
1	综合基价合计	∑（工程量×综合基价）
2	施工措施费（含技术措施、组织措施）	有施工企业自主报价
3	价差（人工、材料、机械）	参考管理部门的价格信息及市场情况
4	专项费用（社会保险费、工程定额测定费）	按规定计算
5	工程成本	1+2+3+4
6	利润	（1+2+3+4）×利润率
7	税金	（5+6）×税率
8	报价合计	5+6+7

第四节　投标文件中技术标和其他附件的编制

一、技术标和其他附件文件内容

（一）技术标文件内容

1. 施工组织设计

附表一：拟投入本标段的主要施工设备表

附表二：拟配备本标段的试验和检测仪器设备表

附表三：劳动力计划表

附表四：计划开、竣工日期和施工进度网络图

附表五：施工总平面图

附表六：临时用地表

2. 项目管理机构

（1）项目管理机构组成表

（2）主要人员简历表

（3）拟分包项目情况表

（二）其他附件文件内容

1. 资格审查资料

（1）投标人基本情况表

（2）近年财务状况表

（3）近年完成的类似项目情况表

（4）正在施工的和新承接的项目情况表

（5）近年发生的诉讼及仲裁情况

2. 其他材料

（1）对招标文件中的合同协议条款内容的确认和响应。

（2）按招标文件规定提交的其他资料。

二、编写要求

学生应结合所学的建筑施工类专业课程，通过建筑施工技术课程学习，应已基本具备了编写施工方案的能力，能编写投标文件中技术标的施工组织设计；通过施工组织课程学习，可以编写投标文件中技术标的施工部署及绘制施工进度计划；通过建筑工程概预算课程的学习，可以编制投标文件中经济标的投标报价，通过本课程的学习，可以编制招标文件、资格预审文件和投标文件中的附件。因为学生已具备相应编写的基本能力，我们将在第八章通过仿真训练，使学生们掌握投标文件的编写方法，为从事招投工作奠定基础。

专项训练：建筑工程施工投标文件编制

1. 实践目的

通过专项训练，学生熟悉建筑工程施工投标文件编制的内容及要求，投标文件编写步骤，具备了编写施工方案的能力，能编写投标文件中技术标的施工组织设计，编写投标文件中技术标的施工部署及绘制施工进度计划能力；编制投标文件中经济标的投标报价能力，为学生毕业后在工程咨询公司、建设单位从事招标相关工作奠定基础。

2. 实践（训练）方式

学生在教师指导下，分组进行简单建筑工程施工投标文件的编写。具体步骤如下：

（1）准备工作：

①招标文件；②施工图；③教师提供建筑施工工程背景材料。

（2）学生根据背景材料，参考中华人民共和国《标准施工招标文件》格式，先制定编写计划，由教师审核。

（3）按照计划进度，学生独立编写施工投标文件

3. 实践（训练）内容和要求

（1）制定编写计划；

（2）认真完成学习日记；

（3）完成实践（训练）总结；

（4）独立编写施工投标文件。

小　　结

建筑工程施工投标中最主要的是获取投标信息、投标决策，确定投标策略及投标技巧、投标标价、编制投标文件。

投标文件是承包商参与投标竞争的重要凭证；是评标、决标和订立合同的依据；是投标人素质的综合反映和投标人能否取得经济效益的重要因素。投标文件由商务标、技术标、附件三大部分构成。投标文件编写步骤：①编制投标文件的准备工作；②实质性响应条款的编制；③复核、计算工程量；④编制施工组织设计，确定施工方案；⑤计算投标报价；⑥装订成册。

建设工程投标报价是建设工程技标内容中的重要部分，是整个建设工程投标活动的核心环节，报价的高低直接影响着能否中标和中标后是否能够获利。投标报价的编制方法有工料单价法和综合单价法。

复 习 思 考 题

1. 简述建筑工程投标程序?
2. 简述建筑工程投标的主要工作?
3. 投标时应具备哪些条件方可进行投标?
4. 影响投标决策的主要因素有哪些?
5. 常用的投标技巧有哪几种?
6. 建筑工程投标文件由哪些内容组成?
7. 投标标价的编制方法有几种?
8. 投标标价的内容组成有哪些?

第五章　建设工程施工招标投标的开标、评标与定标

【能力目标、知识目标】

通过学习建设工程施工招标投标的开标、评标、定标内容及组织，熟悉建设工程开标、评标与定标的实际应用及主要评标方法，提高学生参与实际工程开标评标活动的能力。

建筑工程施工招标投标的过程中，非常核心且很重要的环节就是评标定标（既开标、评标、定标的过程），从某个角度说，评价招标投标的成功与否，只需考察其评定标过程。因为招标的目的是确定一个优秀的承包人，投标的目的是为了中标，而决定这两个目标能否实现的关键都是评标、定标。在评定标过程（开标、评标、定标）中一般应确定以下几个方面的内容。

第一节　建设工程施工招标投标的开标评标和定标的内容及组织

一、建设工程施工招标投标的评标和定标内容

（1）组建评标、定标组织；

（2）确定评标、定标活动原则和程序；

（3）制定评标、定标的具体方法等；

（4）确定中标单位。

二、建设工程施工招标投标的评标和定标组织

建设工程施工招标投标的评标、定标工作由评标、定标组织完成，这个组织即评标委员会。评标委员会是在招投标管理机构的监督下，由招标人依法设立，负责评标和定标的临时组织。它负责对所有投标文件进行评定、提出书面评标报告、推荐或确定中标候选人等工作。

由于评标委员会的人员构成直接影响着评标、定标结果，评标、定标结果又涉及各方面的经济利益，同时这项工作经济性、技术性、专业性又比较强，所以评标委员会的人员应当由招标人或其委托的招标代理机构熟悉相关业务的代表，以及有关技术、经济等方面专家组成。成员人数应为5人以上单数，其中经济、技术方面的专家不得少于成员总数的2/3，该专家一般应从省级以上人民政府有关部门提供的专家名册或者招标代理机构的专家库中相应专家名单中确定。对一般工程项目，可采用随机抽取的方式确定，对技术特别复杂、专业性要求特别高或者国家有特殊要求的招标项目，可以由招标人直接确定。评标委员会成员名单应在开标前确定，并且在中标结果确定前应保密。

评标委员会的评标工作内容主要有：①负责评标工作，向招标人推荐中标候选人或根据招标人的授权直接确定中标人；②可以否决所有投标。因为所有投标都不符合招标文件的要求，或者有效投标三家；③评标委员会完成评标后，应当向招标人提出书面评标报告。

评标过程中，评标委员会处于主导地位，是评标的主体，其工作十分重要。

为了保证评标委员会中专家的素质，评标专家应符合下列条件：

（1）从事相关专业领域工作满8年，并具有高级职称或者同等专业水平。

（2）熟悉有关招标投标的法律法规，并具有与招标项目相关的实践经验。

（3）能够认真、公正、诚实、廉洁地履行职责。

为了保证评标能够公平、公正进行，评标委员会成员有下列情形之一的，不得担任评标委员会成员：

（1）投标人或者投标主要负责人的近亲属；

（2）项目主管部门或者行政监督部门的人员；

（3）与投标人有经济利益关系，可能影响对投标公正评审的；

（4）曾因在招标、评标以及其他与招标投标有关活动中从事违法行为而受过行政或刑事处罚的。

如果评标委员会成员有以上情形之一的，应当主动提出回避。

任何单位或个人不得对评标委员会成员施加压力，影响评标工作的正常进行。评标委员会的成员在评标定标过程中不得与投标人或者与招标结果有利害关系的人进行私下接触，不得收受投标人、中介人、其他利害关系人的财物或其他好处，以保证评标定标的公正、公平性。

三、建设工程评标定标的原则

（1）建设工程评标定标活动应当遵循公平、公平、公正和诚实信用的原则。公平是指在评定标过程中所涉及的一切活动对所有投标人都应该一视同仁，不得倾向某些投标人而排斥另外一些技标人。公正是指在对投标文件的评比中，应以客观内容为标准，不以主观好恶为标准，不能带有成见。

（2）科学、合理、择优的原则。科学是指评标办法要科学合理。评标的根本目的就是择优，所以在评标过程中以及中标结果的确定上都应以最优的投标人作为中标候选人。

（3）违反正当竞争的原则，不能违反原则而以招标人的意图来确定中标结果。

（4）贯彻业主对本工程施工招标的各项要求和原则。

第二节　建设工程施工招标投标的开标、评标和定标的程序及要求

一、建设工程开标

招标投标活动经过招标阶段、投标阶段、就进入开标阶段。

1. 开标及其要求

开标是指在招标文件确定的投标截止时间的同一时间，招标人依照招标文件规定的地点，开启投标人提交的投标文件，并公开宣布投标人的名称、投标报价、工期等主要内容的活动。它是招标投标的一项重要程序，具体要求：

（1）提交投标文件截止之时，即为开标之时，其中无间隔时间，以防不端行为有可乘之机。

（2）开标的主持人和参加人。主持人是招标人或招标代理机构，并负责开标全过程的工作。参加人除评标委员会成员外，还应当邀请所有投标人参加，一方面使投标人得以了解开标是否依法进行，起到监督的作用；另一方面了解其他人投标情况，做到知彼知己，以衡量自己中标的可能性，或者衡量自己是否在中标的短名单之中。

2. 开标的程序

（1）开标的前期准备工作：①开标前，应向当地政府招标管理部门进行开标大会的监督申请。②根据招标文件的开标地点作好落实工作。③通过专家库信息网随机抽取完成专家标委的邀请工作。④招标人按照招标中规定的时间和地点接受投标人提交的投标文件。

（2）召开开标大会

大会由招标人或招标代理机构主持，负责开标全过程的工作。参加人员除评标委员会成员外，还应当邀请所有投标人参加，一方面使投标人得以了解开标是否依法进行，起到监督的作用；另一方面了解其他人投标情况，做到知彼知己，以衡量自己中标的可能性，或者衡量自己是否在中标的短名单之中。政府招标管理部门将监督开标过程的“公开、公平、公正”。会议议程如下：

①宣布开标纪律；

②公布在投标截止时间前递交投标文件的投标人名称，并点名确认投标人是否派人到场；

③宣布开标人、唱标人、记录人、监标人等有关人员姓名；

④按照投标人须知前附表规定检查投标文件的密封情况；

⑤按照投标人须知前附表的规定确定并宣布投标文件开标顺序；

⑥设有标底的，公布标底；

⑦按照宣布的开标顺序当众开标，公布投标人名称、标段名称、投标保证金的递交情况、投标报价、质量目标、工期及其他内容，并做好开标记录见下表；

⑧投标人代表、招标人代表、监标人、记录人等有关人员在开标记录上签字确认；

⑨投标人介绍投标书主要内容；

⑩投标人接受专家评委质疑；

⑪开标结束。

二、评标

评标工作由评标委员会主持进行，因此《中华人民共和国招标投标法》对评标委员会提出了如下要求：

（1）评标委员会成员应当客观、公正地履行职责，遵守职业道德，对所提出的评审意见承担个人责任。

（2）评标委员会成员不得私下接触投标人，不得收受投标人的财物或者其他好处。

（3）评标委员会成员和参与评标的有关工作人员不得透露对投标文件的评审和目标候选人的推荐情况以及评标有关的其他情况。

（4）评标委员会可以要求投标人对投标文件中含义不明确的内容作必要的澄清或者说明，但是澄清或者说明不得超出投标文件的范围或者改变投标文件的实质性要求。

（5）评标委员会应当按照招标文件确定的评标标准和方法，对投标文件进行评审和比较，设有标底的应当参考标底。

（6）接受依法实施的监督。

（一）评标程序

建设工程评标程序分为：评标的准备、初步评审、详细评审、编写评标报告。

1. 评标的准备

（1）评标委员会成员在正式对投标文件进行评审前，应当认真研究招标文件，主要了解以下内容：

①招标的目标；

②招标工程项目的范围和性质；

③招标文件中规定的主要技术要求、标准和商务条款；

④招标文件规定的评标标准、评标方法和在评标过程中考虑的相关因素。

（2）招标人或者其委托的招标代理机构应当向评标委员会提供评标所需的重要信息和数据。

评标委员会应当根据招标文件规定的评标标准和方法对投标文件进行系统地评审和比较。招标文件中没有规定的标准和方法不得作为评标的依据。因此，评标委员会成员应当重点了解招标文件规定的评标标准和方法。

2. 初步评审

初步评审是指从所有的投标书中筛选出符合最低要求的合格投标书，剔除所有无效投标书和严重违法的投标书，以减少详细评审的工作量，保证评审工作的顺利进行。

初步评审的内容包括对投标文件的符合性评审、商务性评审和技术性评审、投标文件的澄清和说明、应当作为废标处理的情况。

（1）符合性评审。投标文件的符合性评审包括形式评审、资格评审、响应性评审及商务符合性和技术符合性鉴定。投标文件应实质上响应招标文件的所有条款、条件，无显著的差异或保留。符合性评审主要是以下工作内容：

1）投标文件的有效性：①投标人以及联合体形式投标的所有成员是否已通过资格预审，获得投标资格；②投标文件中是否提交了承包方的法人资格证书及投标负责人的授权委托证书；如果是联合体，是否提交了合格的联合体协议书以及投标负责人的授权委托证书；③投标保证的格式、内容、金额、有效期、开具单位是否符合招标文件要求；④投标文件是否按要求进行了有效的签署。

2）投标文件的完整性：投标文件中是否包括招标文件规定应递交的全部文件，如标价的工程量清单、报价汇总表、施工进度计划、施工方案、施工人员和施工机械设备的配备等，以及应该提供的必要的支持文件和资料。

3）与招标文件的一致性：①凡是招标文件中要求投标人填写的空白栏目是否全部填写，作出明确的回答，如投标书及其附录是否完全按要求填写；②对于招标文件的任何条款、数据或说明是否有任何修改、保留和附加条件。

通常符合性鉴定是初步评审的第一步，如果投标文件实质上不响应招标文件的要求，将被列为废标予以拒绝，并不允许投标人通过修正或撤销其不符合要求的差异或保留，使之成为具有响应性投标。

（2）技术性评审。投标文件的技术性评审包括：方案可行性评估和关键工序评估；劳务、材料、机械设备、质量控制措施、安全保证措施评估以及对施工现场周围环境污染的保护措施评估。

（3）商务性评审。投标文件的商务性评审包括：投标报价校核，审查全部报价数据计算的正确性，分析报价构成的合理性，并与标底价格进行对比分析。如果报价中存在算术计算上的错误，应进行修正。修正后的投标报价经投标人确认后对其起约束作用。

（4）投标文件的澄清和说明

评标委员会可以要求投标人对投标文件中含意不明确、对同类问题表述不一致或者有明显文字和计算错误的内容作必要澄清或者说明，但是澄清或者说明不得超出投标文件的范围或者改变投标文件的实质性内容。对投标文件的相关内容作出澄清和说明，其目的是有利于评标委员会对投标文件的审查、评审和比较。

投标文件中的大写金额和小写金额不一致的，以大写金额为准；总价金额与单价金额不一致的，以单价金额为准，但单价金额小数点有明显错误的除外；对不同文字文本投标文件的解释发生异议的，以招标文件规定的主要语言为主为准。

（5）应当作为废标处理的情况

1）弄虚作假。在评标过程中，评标委员会发现投标人以他人的名义投标、串通投标、以行贿手段谋取中标或者以其他弄虚作假方式投标的，该投标人的投标应作废标处理。

2）报价低于其个别成本。在评标过程中，评标委员会发现投标人的报价明显低于其他投标报价或者在设有标底时明显低于标底，使得其投标报价可能低于其个别成本的，应当要求该投标人作出书面说明并提供相关证明材料。投标人不能合理说明或者不能提供相关证明材料的，由评标委员会认定该投标人以低于成本报价竞标，其投标应作废标处理。

3）投标人不具备资格条件或者投标文件不符合形式要求，其投标也应当按照废标处理，包括：投标人资格条件不符合国家有关规定和招标文件要求的，或者拒不按照要求对投标文件进行澄清、说明或者补正的，评标委员会可以否决其投标。

4）按照住房和城乡建设部的规定，建设项目的投标有下列情况的也应当按照废标处理：

①未密封。

②无单位和法定代表人或其代理人的印鉴，或未按规定加盖印鉴。

③未按规定的格式填写，内容不全或字迹模糊、辨认不清。

④逾期送达。

⑤投标人未参加开标会议。

5）未能在实质上响应的投标。评标委员会应当审查每一投标文件是否对招标文件提出的所有实质性要求和条件作出响应。未能在实质上响应的投标，应作废标处理。

如果投标文件与招标文件有重大偏差，也认为未能对招标文件作出实质性响应。如果招标文件对重大偏差另有规定的，服从其规定。

6）投标偏差。评标委员会应当根据投标文件，审查并逐项列出投标文件的全部投标偏差。投标偏差分为重大偏差和细微偏差。

①重大偏差。下列情况属于重大偏差可作为无效合同：a. 没有按照招标文件要求提供投标担保或者所提供的投标担保有瑕疵。b. 投标文件没有投标人授权代表签字和加盖公章。c. 投标文件载明的招标项目完成期限超过招标文件规定的期限（投标有效期）。

d. 明显不符合技术规格、技术标准的要求。e. 投标文件载明的货物包装方式、检验标准和方法等不符合招标文件的要求。f. 投标文件附有招标人不能接受的条件。g. 不符合招标文件中规定的其他实质性要求。

所谓投标有效期是指自截止投标之日至确定中标人或订立合同之时为止。招标文件应当规定一个适当的投标有效期，以保证招标人有足够的时间完成评标和与中标人确立订立合同事宜。如果在原投标有效期结束前，出现特殊情况的，招标人可以书面形式要求所有投标人延长投标有效期和延长投标保证金的有效期，投标人拒绝延长投标保证金有效期者，其投标无效。

②细微偏差。细微偏差是指投标文件在实质上响应招标文件要求，但在个别地方存在漏项或者提供了不完整的技术信息和数据等情况，并且补正这些遗漏或者不完整不会对其他投标人造成不公平的结果。细微偏差不影响投标文件的有效性。

评标委员会应当书面要求存在细微偏差的投标人在评标结束前予以补正。拒不补正的，在详细评审时可以对细微偏差作不利于该投标人的量化，量化标准应当在招标文件中规定。

3. 详细评审

详细评审是指经初步评审合格的投标文件，评标委员会按照招标文件确定的评标标准和方法，对其技术部分（技术标）和商务部分（商务标）作进一步评审和比较，并对这两部分的量化结果进行加权，计算出每一投标的综合评估得分，实现推荐合格中标候选人的目标。详细评审的主要方法：经评审的最低投标价法和综合评估法。

4. 评标结果

评标结果是由评标委员会按照得分由高到低的顺序推荐中标候选人，并在完成评标后，向招标人提出书面评标结论性的报告，评标报告的内容有：

（1）基本情况和数据表；

（2）评标委员会成员名单；

（3）开标记录；

（4）符合要求的投标一览表；

（5）废标情况说明；

（6）评标标准、评标办法或者评标因素一览表；

（7）经评审的价格或者评分比较一览表；

（8）经评审的投标人排序；

（9）推荐的中标候选人名单与签订合同前要处理的事宜；

（10）澄清、说明、补正事项纪要。

被授权直接定标的评标委员会可直接确定中标人。对使用国有资金投资或者国家融资的项目，招标人应当确定排名第一的中标候选人为中标人。排名第一的中标候选人放弃中标，因不可抗力提出不能履行合同，或者招标文件规定应当提交履约保证金而在规定的期限内未能提交的，招标人可以确定排名第二的中标候选人为中标人。

（二）评标的方法和标准

建设工程评标方法有许多种，我国目前常用的评标办法有经评审的最低投标价法、综合评估法，根据评标办法中设立的评价指标，可以对其进行定性评价、定量评价，或定性和定量相结合进行评价。为了避免主观因素造成评价的差异，一般应考虑对指标的评价采用定量的方法进行评价。

1. 经评审的最低投标价法

经评审的最低投标价法，简称为最低投标价法。是对价格因素进行评估，是指能够满足招标文件的实质性要求，并经评审的最低投标价格的投标，应当推荐为中标人的方法。

最低投标价既不是投标人中的最低投标价，也不是中标价，它是将一些因素折算为价格，然后依次价格评定投标人的次序，最后确定次序中价格最低的投标为中标候选人。中标候选人应当限制在1～3人。

采用此方法的前提条件是：投标人通过了资格预审，具有质量保证的可靠基础。

经评审的最低投标价法适用范围是：具有通用技术、性能标准，或者招标人对于其技术性能没有特殊要求的招标项目。即主要适用于小型工程，是一种只对投标人的投标报价进行评议，从而确定中标人的评标办法。

经评审的最低投标价法对投标标价进行评议的具体方法：

(1) 将投标标价与标底价相比较的评议方法：是将各投标人的投标报价直接与经招标投标管理机构审定后的标底价相比较，以标底价为基础来判断投标报价的优劣，经评标被确认为最低标价的投标报价即能中标。通常可有三种具体做法：①投标报价最接近标底价的（即为合理低标价），即可中标；②投标报价与低于标底价某一幅度值之差的绝对值最小或为零的（即为合理低标价），即可中标；③允许投标报价围绕标底价按一定比例浮动，投标报价在这个允许浮动范围内的最低价或次低价的（即为合理低标价），即可中标。超出允许浮动范围的为无效标。

(2) 无标底价的评议方法：它没有标底，并对投标人的投标报价不作任何限制，不附加任何条件，只将各投标人的投标报价相互进行比较，而不与标底相比，经评标确认投标报价属最低价，即可中标。有时以各投标人的投标报价（投标人超过3家的，可考虑剔除其中的最高报价和最低报价）的算术平均值作为比较基础。这种方法在我国，由于各方面原因，常常得不到合理的最低报价，实践的效果并不理想，因而采用的较少。

(3) 综合标底与投标标价进行比较的评议方法：它是在制定评标依据时，既不全部以标底价作为评标依据，也不全部以投标报价作为评标依据，而是综合考虑这两方面的因素，将这两方面的因素结合起来，形成一个复合的标底，将各投标报价和复合标底相比较的方法。具体作法可有以下三种：

①以各投标人的投标报价（投标人超过3家的，可考虑剔除其中的最高报价和最低报价）的算术平均值为A，以经过审定的标底价为B，然后取A和B的不同权重值之和，为评标标底，最接近这个评标标底的投标报价，即为中标价；

②以低于标底价一定幅度以内的各投标报价的平均值为A，以经过审定的标底价为B，然后取A和B的不同权重值之和，为评标标底，最接近这个评标标底的投标报价，即为中标价；

③以各投标人的投标报价（投标人超过3家的，可考虑剔除其中的最高报价和最低报价）的平均值为A，以各投标人对标底的测算价，即让各投标人按照和招标人编制标底一样的口径和要求测算得出的价格，又称可比价（投标人超过3家的，可考虑剔除其中的最高价和最低价），与标底价的算术平均值作为B，然后取A和B的不同权重值之和，为评

标标底，最接近这个评标标底的投标报价，即为中标价。

2. 综合评估法

综合评估法是指通过分析比较找出最大限度的满足招标文件中规定的各项综合评价标准的投标，应当推荐为中标候选人。综合评估法即对价格因素进行评估，又对其他因素进行评估。它是应用最广泛的评标定标方法。

综合评估法的评审因素

（1）投标报价。评审投标报价预算数据计算的准确性和报价的合理性及偏差率等。评标委员会发现投标人的报价明显低于其他投标报价，或者在设有标底时明显低于标底，使得其投标报价可能低于其个别成本的，应当要求该投标人作出书面说明并提供相应的证明材料。投标人不能合理说明或者不能提供相应证明材料的，由评标委员会认定该投标人以低于成本报价竞标，其投标作废标处理。

（2）施工组织设计。评审施工方案或施工组织设计是否齐全、完整、科学合理，包括施工方法是否先进、合理；施工进度计划及措施是否科学、合理、可靠；质量保证措施是否切实可行；安全保证措施是否可靠；现场平面布置及文明施工措施是否合理可靠；主要施工机具及劳动力配备是否合理；提供的材料设备，能否满足招标文件及设计要求。

（3）项目管理机构。项目主要管理人员及工程技术人员的数量和资历等。项目经理任职资格与业绩；技术负责人任职资格与业绩；其他主要人员。

（4）其他因素。近期施工承包合同履约情况（履约率）；服务态度；是否承担过类似工程；经营作风和施工管理情况；是否获得过省部级、地市级的表彰和奖励；企业社会整体形象等。

为了让信誉好、质量高、实力强的企业多得标、得好标，在综合评估法的诸评审因素中，应适当侧重对施工方案、质量和信誉等因素的评议，在施工方案因素中应适当突出对关键部位施工方法或特殊技术措施及保证工程质量、工期的措施的评估。

综合评估法分类：定性综合评估法和定量综合评估法。

（1）定性综合评估法

定性综合评估法，是由评标组织对工程报价、工期、质量、施工组织设计、主要材料消耗、安全保障措施、业绩、信誉等评审指标，分项进行定性比较分析，综合考虑，经评议后，选择其中被大多数评标组织成员认为各项条件都比较优良的投标人为中标人，也可用记名或无记名投票表决的方式确定中标人。定性综合评估法的特点是，不量化各项评审指标，它是一种定性的优选法。采用定性综合评估法，一般要按从优到劣的顺序，对各投标人排列名次，排序第一名的即为中标人。如果排名第一的中标候选人放弃中标，可以选择排序第二名的投标人为中标人。

（2）定量综合评估法

定量综合评估法，又称打分法、百分制计分评议法。它是事先在招标文件或评标定标办法中将评标的内容进行分类，形成若干评估因素，并确定各项评估因素在百分之内所占的比例和评分标准，开标后由评标委员会中的每位成员按照评分规则，采用无记名方式打分，最后统计投标人的得分，得分最高者（排序第一名）为中标人。

采用定量综合评估法，原则上实行得分最高的投标人为中标人。这种方法要点：

①定量综合评估法中所有评标因素的总分值，一般都是100分。其中各个单项的分值

分配范围是：投标报价 30～70 分；施工组织设计 5～30；项目管理机构 0～5；其他 0～5 分。评标过程中，评标委员会根据招标项目的特点和招标文件中规定的需要量化的因素及评分标准进行评分。如某建筑工程施工招标，评标采用百分比制计算，比较评标因素和分值分配见表 5-1。

评标因素和分值分配 **表 5-1**

<table>
<tr><th rowspan="2">分类</th><th rowspan="2">满分</th><th colspan="2">一级评分要素</th><th colspan="2">二级评分要素</th><th rowspan="2">备注</th></tr>
<tr><th>评审内容</th><th>标准分</th><th>评审内容</th><th>标准分</th></tr>
<tr><td rowspan="15">技术标</td><td rowspan="15">40</td><td rowspan="6">施工组织设计（施工方案）</td><td rowspan="6">25</td><td>施工技术方案措施</td><td>10</td><td>最低 4 分</td></tr>
<tr><td>质量保证措施</td><td>3</td><td></td></tr>
<tr><td>进度保证措施</td><td>3</td><td></td></tr>
<tr><td>施工机械配置合理程度</td><td>3</td><td></td></tr>
<tr><td>安全文明施工保证措施</td><td>3</td><td></td></tr>
<tr><td>施工组织管理体系合理性</td><td>3</td><td></td></tr>
<tr><td rowspan="3">施工总工期</td><td rowspan="3">5</td><td>投标工期等于招标文件要求</td><td>3</td><td></td></tr>
<tr><td>投标工期短于招标文件要求</td><td>每提前×天加 1 分</td><td></td></tr>
<tr><td>投标工期长于招标文件要求</td><td>0</td><td></td></tr>
<tr><td rowspan="2">质量等级</td><td rowspan="2">5</td><td>承诺达到合格标准</td><td>3</td><td></td></tr>
<tr><td>承诺达到优质工程标准</td><td>5</td><td></td></tr>
<tr><td rowspan="2">项目经理</td><td rowspan="2">2</td><td>一级注册建造师资格证</td><td>2</td><td></td></tr>
<tr><td>二级注册建造师资格证</td><td>1.5</td><td></td></tr>
<tr><td rowspan="2">企业信誉</td><td rowspan="2">3</td><td>获国家鲁班奖</td><td>3</td><td>需提供证书原件</td></tr>
<tr><td>获省（市）级优质工程奖</td><td>2</td><td></td></tr>
<tr><td rowspan="2">信誉标</td><td rowspan="2">60</td><td>标价</td><td>55</td><td>按开标后计算的工程造价期望值为标准，依据报价的偏离程度计算各标书得分</td><td>55</td><td>工程造价期望值＝(投标单位报价的加权平均值×预定的报价权重×标底）×（1－预定的报价权重）×［1－招标人开标时在预定范围内当场随机抽取的随机期望值（%）］</td></tr>
<tr><td>开办费</td><td>5</td><td>按开标后计算的各投标书对该项报价算数平均值，依据报价的偏离程度计算各标书得分</td><td>5</td><td>若投标书中有未报次价格者，则该标书不参与计算平均值</td></tr>
<tr><td>合计</td><td>100</td><td></td><td></td><td></td><td>100</td><td></td></tr>
</table>

②评分标准确定后，每位评标委员会委员独立地对投标书分别打分，各项分数统计之和即为该投标书的得分。

③综合评分。如报价以标底价为标准，报价低于标底 5%范围内为满分（假设为 60 分）；高于标底 6%范围内和低于标底 8%范围内，比标底每增加 1%或比 95%的标底每减少 1%均扣减 2 分；报价高于标底 6%以上或低于 80%以下均为 0 分计。同样报价以技术

价为标准进行类似评分。

综合以上得分情况后，最终以得分的多少排出顺序，作为综合评分的结果。

④评标委员会拟定“综合评估比较表”，表中载明以下内容：投标人的投标报价，对商务偏差的调整值，对技术偏差的调整值，最终评审结果。

总之，综合评估法是一种定量的评标办法，在评定因素较多而且繁杂的情况下，可以综合地评定出各投标人的素质情况和综合能力，它适用于大型复杂的工程施工评标。

三、定标

《中华人民共和国招标投标法》有关中标的法律规定：

1. 在确定中标人前，招标人不得与投标人就投标价格、投标方案等实质性内容进行谈判；

2. 中标人确定后，招标人应当向中标人发出中标通知书，并同时将中标结果通知所有未中标的投标人。

中标通知书对招标人和中标人具有法律效力。中标通知书发出后，招标人改变中标结果的，或者中标人放弃中标项目的，应当依法承担法律责任。

3. 招标人和中标人应当自中标通知书发出之日起三十日内，按照招标文件和中标人的投标文件订立书面合同。招标人和中标人不得再行订立背离合同实质性内容的其他协议。招标文件要求中标人提交履约保证金的，中标人应当提交。

4. 中标人应当按照合同约定履行义务，完成中标项目。中标人不得向他人转让中标项目，也不得将中标项目肢解后分别向他人转让。但中标人按照合同约定或者经招标人同意，可以将中标项目的部分非主体、非关键性工作分包给他人完成。接受分包的人应当具备相应的资格条件，并不得再次分包。

中标人应当就分包项目向招标人负责，接受分包的人就分包项目承担连带责任。

5. 评标委员会经评审，认为所有投标都不符合招标文件要求的，可以否决所有投标。依法必须进行招标的项目所有投标被否决的，招标人应当依照《中华人民共和国招标投标法》重新招标。重新招标后投标人少于3个的，属于必须审批的工程建设项目，报经原审批部门批准后可以不再进行招标，其他工程建设项目，招标人可自行决定不再进行招标。

第三节　建设工程施工招标评标案例

×××综合楼工程建筑安装工程施工招标定量评标办法

一、总则

第一条：本办法仅适用于本建筑安装工程施工招标的评标。

第二条：本办法是招标文件的组成部分。

第三条：评标工作由建设单位负责组建的评标委员会承担。评标委员会由建设单位的代表和受聘的经济、技术专家组成，评标委员会成员总人数应为5人，其中受聘的专家不少于2/3，且应符合“中华人民共和国招标投标法”的规定。经济、技术专家从专家库抽取。

第四条：评标原则：本工程评标委员会应依法按下述原则进行评标：公开、公平、公正和诚实信用的原则；科学、合理评标原则；反不正当竞争的原则；贯彻建设单位对本工程施工承包招标的各项要求和原则。

第五条：中标人确定方法：评标委员会根据本办法及本工程招标文件要求对投标人投标文件进行定量评分，并从中评选出合格的有序的综合得分最高的投标人，如无特殊原因，则作为本施工招标的中标人；当中标人自动放弃中标时，招标人应按排名先后顺序确定综合得分第二名的投标人为本工程中标人，依次类推，当排名为第三名的投标人也放弃中标机会时，招标人将对本工程重新组织招标。

第六条：建设工程招标投标管理办公室对本工程的招标、投标工作实施全过程监督。

二、评标程序、方法及说明

第七条：评标内容

1. 技术标评标的内容包括：施工组织设计、项目管理机构、对招标文件响应程度的评分。

2. 商务标评标的内容应包括：投标报价的评分。（评标委员会应对其投标报价的报价水平构成的合理性、有无不平衡报价、缺项漏项等进行分析，以判断投标人的投标报价是否合用）

本条规定的上述工作由评标委员会负责完成。

第八条：评标规定及程序

1. 投标人投标属下列情况之一的，视为无效：

（1）凡投标的内容属实质性不符合招标文件的要求，评标委员会按规定予以拒绝的；

（2）技术标的施工组织设计部分违背招标文件的规定，在正文中出现投标人名称和其他可识别投标人的字符及徽标的；

（3）投标人的投标行为违反《中华人民共和国招标投标法》及本办法有关规定的。

2. 评标委员会对投标书中的施工组织设计内容和投标报价的内容以及其他有关内容有疑问时，可以向投标人质询并要求该投标人做出书面澄清，但不得对投标文件做实质性修改。质询工作应当由全体评委参加。

3. 按本办法评标，评标委员会应首先对所有投标文件进行符合性与完整性评审，再按对招标文件响应程度、施工组织设计、企业信誉和综合实力进行评分，最后再对投标报价进行评分。

4. 当投标人按照招标文件规定的时间、地点等要求报送投标文件后，评委会按照本办法，对投标文件进行独立评标，并汇总计算出各有效得分的平均数，即为投标人的得分。

5. 评标委员会根据评标情况写出评标报告，报送招标人（即招标人法人代表或代表委托人）。招标人按照本办法，确定中标人。投标人对招标人评标结果有疑义的，应以书面形式提出，由招标人会同建设工程招标投标管理办公室经研究后，提出处理意见。

6. 如发生并列第一名的情况时，建设单位可从并列第一名的投标人中选一名为中标人。

三、评分方法及说明

第九条：本定量评分办法的评分标准总分值为 100 分。评分分值计算保留小数点后两位，第三位四舍五入。

第十条：技术标主要评分方法的有关说明：

1. 对招标文件响应程度的评定。

评定内容包括：是否承诺招标文件要求的质量标准、工期要求和投标文件的完整性等，其中招标文件要求的工期被合理地提前了的投标工期和质量标准（质量等级）高于招标文件要求的属于响应招标文件要求（详见表 5-2）。

2. 对施工组织设计的评定。

评定内容主要包括：工期、质量保证措施；现场施工平面布置图；重点、难点部分是施工控制措施；安全、文明施工及环保措施；分包计划和对分包队伍的管理措施；劳动力、材料及机械的组织计划，总包与监理人员的配合措施等（详见表 5-3）。

3. 企业信誉、综合实力和项目经理。

本部分评分时，如以集团（总）公司的名义投标，必须明确承担本招标工程施工任务的具体下属公司。（详见表 5-4）

对招标文件响应程度（100 分）（分数代码 Al） **表 5-2**

序号	项　目	标准分	评分标准	分值	备注
1	质量标准	30 分	承诺招标人质量要求	30 分	
			不承诺招标人质量要求	0 分	废标
2	投标工期	30 分	承诺招标人工期要求	30 分	
			不承诺招标人工期要求	0 分	废标
3	综合响应程度	40 分	充分响应	40 分	
			无重大实质性不响应	20 分	
			有重大实质性不响应	0 分	废标

施工组织设计评分表（100 分）（分数代码 A2） **表 5-3**

序号	项　目	标准分	评分标准	分值	备注
1	施工方案	40 分	针对性强，难点施工把握准确	35～40 分	施工组织设计评分： 1. 良好：衍分在 80 分（含 80 分）以上； 2. 合格：得分在：60 分（含 60 分）以上； 3. 不合格：得分 60 分以下，经有关专家鉴定后，为废标
			可行	20～30 分	
			不合理	0 分	
2	质量保证体系及措施	10 分	保证体系完整、措施有力	8～10 分	
			保证体系较完整、措施一般	5～7 分	
			保证体系及措施欠完整	2～3 分	
3	文明施工、环保、安全措施	10 分	完善、可靠	6～10 分	
			欠完善	0～5 分	
4	劳动力计划及主要设备材料、构件用量计划	5 分	合理	3～5 分	
			不合理	0～2 分	
5	分包计划和对分包队伍的管理措施	10 分	计划合法有保证、措施合理	6～10 分	
			计划欠周全、措施欠合理	0～5 分	
6	施工进度计划、保证措施	10 分	合理	7～10 分	
			欠合理	0～5 分	
7	总包与监理及设计人的配合	10 分	合理	6～10 分	
			欠合理	0～5 分	
8	施工现场总平面图	5 分	合理	3～5 分	
			欠合理	0～2 分	

（1）企业资质等级是指住房和城乡建设部核发的同等资质等级；

（2）项目经理资质等级标准按照（住房和城乡）建设部有关规定执行，投标人所报项目经理资质证书必须与所报项目经理一致；

（3）企业通过 ISO 9000 质量体系认证得 20 分；

（4）“同类工程施工经验”是指项目经理本人与拟用劳务队伍是否承担与本招标工程（指建筑面积、层数及檐高）、结构形式、使用功能和工期要求相类似的或不低于本招标工程标准。

第十一条：经济标评分的方法及有关说明。

1. 投标报价有效性的确定：凡通过招标文件属符合性评定的投标文件，其报价均视为有效。无效的投标报价将予剔除，不再参加评审；

2. 评标委员会将经评审的投标报价由低到高排序，并按投标报价评分表（表 5-5）计算各投标人的该项得分。

企业信誉、综合实力评分表（100 分）（分数代码 A3） **表 5-4**

序号	项　目	标准分	评分标准	分值	备注
1	ISO 9000 质保体系通过认证	40 分	通过认证	40 分	
			无	0 分	
2	近五年企业同类工程施工经验	60 分	0 个	0 分	不超过 60 分
			1 个	10 分	
			每多 1 个	10 分	

3. 有效投标报价的确定：凡投标方报价不超过招标方标底价 3%的报价，均为有效投标报价；凡投标方报价超过招标方标底价 3%的，为无效投标报价（废标），不再参与下一步的评标。

4. 投标报价标底的确定：由招标方提供的标底。

四、评分表

1. 技术标评分表（表 5-2～表 5-4）

2. 商务标评分表

确定基准价：基准价为所有有效投标报价中剔除最高和最低各一家的算术平均值。

有效投标报价的确定：凡投标方报价不超过招标方标底价 3%的报价，均为有效投标报价；凡投标方报价超过招标方标底价 3%的，为无效投标报价（废标），不再参与下一步的评标。

投标报价的偏差率＝（投标人报价－评标基准价）/评标基准价×100%

投标报价评分表：100 分（分数代码 A4） **表 5-5**

投标报价范围	大于＋5% 不含＋5%	＋5%～4% 含＋5%	＋4%～＋3% 含＋4%	＋3%～＋2% 含＋3%	＋2%～＋1% 含＋2%	＋1%～0% 含＋1%	0%～－1% 含 0%，－1%
得分	50	60	70	75	80	85	100
投标报价范围	－1%～－2% 含－2%	－2%～－3% 含－3%	－3%～－4% 含－4%	－4%～－5% 含－5%	－5%～－6% 含－6%	－6%～－7% 含－7%	小于－7% 不含－7%
得分	90	85	80	75	70	65	50

专项实训：模拟某建筑施工招标项目的开标会

1. 实践目的

通过建筑工程施工开标、评标、定标全过程的模拟训练，使学生熟悉建筑工程招投标选择施工单位的程序，为仿真综合训练奠定基础，具有毕业后在工程咨询公司、建设单位从事招标相关工作的能力。

2. 实践（训练）方式及内容

学生在教师指导下分组进行。具体步骤如下：

（1）学生分组：2名学生为建设单位代表，剩余学生每4～6人为一个建筑施工企业。

（2）教师提前准备招标文件、投标文件颁发给每组，各建筑施工企业认真读懂招标文件、投标文件，作好开标准备。

（3）老师和学生代表成立评标专家委员会。（5人）

（4）建设单位代表主持开标过程。

（5）各建筑施工企业代表阐述投标工程重点问题（可采用PPT）。

（6）评标专家委员会完成评标过程。

（7）建设单位代表宣布中标单位。

3. 实践（训练）要求

实训结束后，以小组为单位完成训练总结。

小　　结

建设工程招标投标目的是选择中标单位，决定这个目标能否实现的关键都是评标定标。建设工程施工招标投标的评标、定标工作由评标委员会完成。

评标委员会的评标工作内容主要有：①负责评标工作，向招标人推荐中标候选人或根据招标人的授权直接确定中标人；②可以否决所有投标。因为所有投标都不符合招标文件的要求，或者有效投标三家；③评标委员会完成评标后，应当向招标人提出书面评标报告。

建设工程评标定标的原则：①建设工程评标定标活动应当遵循公平、公平、公正和诚实信用的原则。②科学、合理、择优的原则。③违反正当竞争的原则，不能违反原则而以招标人的意图来确定中标结果。④贯彻业主对本工程施工招标的各项要求和原则。

开标是指在招标文件确定的投标截止时间的同一时间，招标人依照招标文件规定的地点，开启投标人提交的投标文件，并公开宣布投标人的名称、投标报价、工期等主要内容的活动。

建设工程评标程序分为：评标的准备、初步评审、详细评审、编写评标报告。评标的方法：①经评审的最低投标价法；②综合评估法

中标人确定后，招标人应当向中标人发出中标通知书，并同时将中标结果通知所有未中标的投标人。

复 习 思 考 题

1. 建筑工程招标的开标程序是什么?
2. 常用的评标方法有哪些?
3. 对建设工程评标委员会有哪些基本要求?
4. 初步评审的内容有哪些?
5. 中标通知书的作用有哪些?

第三篇

建设工程合同管理

第六章　建设工程施工合同订立

【能力目标、知识目标】

熟悉建设工程合同的概念、种类及特点，了解FIDIC《土木工程施工合同条件》，通过专项实训，达到具备签订工程施工合同的能力。

第一节　概　　述

一、建设工程合同的概念

1. 合同的概念

合同又称契约，它是指双方或多方当事人关于设立、变更、终止民事法律关系的协议。合同由三部分组成，即权利主体、权利客体、内容。权利主体是指签订及履行合同的双方或多方当事人，又称民事权利义务主体；权利客体是指权利主体共同指向的对象，包括物、行为和精神产品，内容是指权利主体的权利和义务。

建设工程项目是一个极为复杂的社会生产过程，它可以分为不同的建设阶段，每一个阶段根据其建设内容的不同，参与的主体也不尽相同，各主体之间的经济关系靠合同这一特定的形式来维持。

2. 建设工程合同的概念

建设工程合同是指在工程建设过程中发包人与承包人依法订立的、明确双方权利义务关系的协议。在建设工程合同中，承包人的主要义务是进行工程建设，权利是得到工程价款。发包人的主要义务是支付工程价款，权利是得到完整、符合约定的建筑产品。

3. 建设工程合同的种类

（1）按承发包的工程范围进行划分

从承发包的不同范围和数量进行划分，可以将建设工程合同分为建设工程总承包合同、建设工程承包合同、分包合同。发包人将工程建设的全过程发包给一个承包人的合同即为建设工程总承包合同。发包人如果将建设工程的勘察、设计、施工等的每一项分别发包给一个承包人的合同即为建设工程承包合同。经合同约定和发包人认可，从工程承包人承包的工程中承包部分工程而订立的合同即为建设工程分包合同。

（2）按照工程建设阶段划分

建设工程合同可以分为建设工程勘察合同、建设工程设计合同和建设工程施工合同三类。建设工程勘察合同是发包人与勘察人就完成商定的勘察任务明确双方权利义务的协议。建设工程设计合同是发包人与设计人就完成商定的设计任务明确双方权利义务的协议。建设工程施工合同是发包人与承包人就完成商定的建设工程项目的施工任务明确双方权利义务的协议。

（3）按照承包工程计价方式划分

建设工程合同可分为总价合同、单价合同和成本加酬金合同。

①总价合同

总价合同是指在合同中确定一个完成建设工程的总价，承包商据此完成项目全部内容的合同。这种合同类型能够使建设单位在评标时易于确定报价最低的承包商，易于进行支付计算。但这类合同仅适用于工程量不太大且能精确计算、工期较短、技术不太复杂、风险不大的项目。因而采用这种合同类型要求建设单位必须准备详细而全面的设计图纸（一般要求施工详图）和各项说明，使承包单位能准确计算工程量。

②单价合同

单价合同是承包商按照在投标时，按招标文件就分部分项工程所列出的工程量表确定各分部分项工程费用的合同类型。这类合同的适用范围比较宽，其风险可以得到合理的分摊，并且能鼓励承包单位通过提高工效等手段从成本节约中提高利润。这类合同能够成立的关键在于双方对单价和工程量计算方法的确认。在合同履行中需要注意的问题则是双方对实际工程量计量的确认。

③成本加酬金合同

成本加酬金合同，是由业主向承包单位支付建设工程的实际成本，并按事先约定的某一种方式支付酬金的合同类型。在这类合同中，业主需承担项目实际发生的一切费用，因此也就承担了项目的全部风险。而承包单位由于无风险，其报酬往往也较低。

这类合同的缺点是业主对工程总造价不易控制，承包商也往往不注意降低项目成本。它主要适用于以下项目：a. 需要立即开展工作的项目，如震后的救灾工作；b. 新型的工程项目，或对项目工程内容及技术经济指标未确定；c. 项目风险很大。

4. 建设工程建设过程中主要的主体是：发包人（建设单位）；承包人（施工企业、工程监理单位、勘察设计单位、其他工程咨询机构等），它们之间的合同和相关关系如下图6-1所示

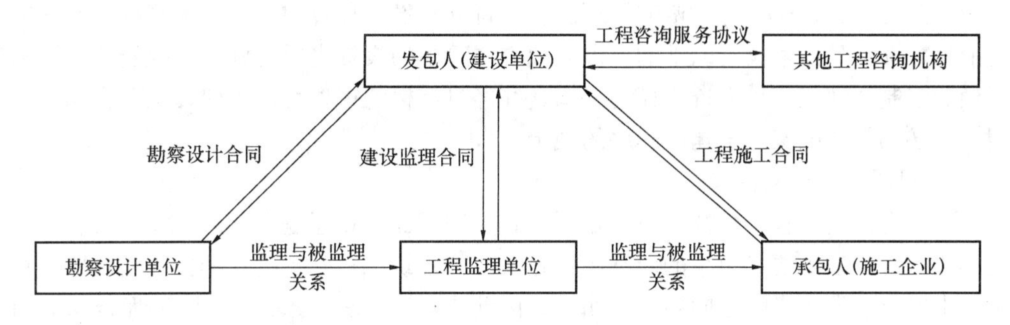

图6-1　建设工程各主体之间的关系

5. 建设工程施工合同的概念

建设工程施工合同即建筑安装工程承包合同，是发包人和承包人为完成商定的建筑安装工程，明确相互权利、义务关系的合同。依照施工合同，承包方应完成一定的建筑、安装工程任务，发包方应提供必要的施工条件并支付工程价款。

建设工程施工合同是工程建设的主要合同，是施工单位进行工程建设质量管理、进度管理、费用管理的主要依据之一。

在施工合同中，实行的是以工程师为核心的管理体系（虽然工程师不是施工合同当事人)。施工合同中的工程师是指监理单位委派的总监理工程师或发包人指定的履行合同的

负责人，其具体身份和职责由双方在合同中约定。

对于建筑施工企业项目经理而言，施工合同具有特别重要的意义。因此进行施工管理是建筑施工企业项目经理的主要职责，而在市场经济中施工行为的主要依据是当事人之间订立的施工合同。建筑施工企业必须建立较强的合同意识，依据施工合同管理施工行为。

二、建筑工程施工合同的特点

1. 合同主体的严格性

建设工程合同主体一般只能是法人。发包人一般只能是经过批准进行工程项目建设的法人，必须有国家批准建设项目，落实投资计划，并且应当具备相应的协调能力；承包人则必须具备法人资格，并且具备相应的从业资质，无营业执照或无承包资质或承包资质不符合要求的承包人不能作为建筑工程施工合同的主体，资质等级低的单位不能越级承包建筑工程的施工。

2. 合同标的的特殊性

建筑工程施工合同的标的是各类建筑产品（即建筑物）。建筑产品具有单件性、固定性、生产的流动性等特性，这些特性决定了建筑工程施工合同标的的特殊性。

3. 合同履行期限的长期性

建设工程由于结构复杂、体积大、建筑材料类型多、工作量大、施工周期长，使得合同履行期限都较长（与一般工业产品的生产相比）。而且，建筑工程施工合同的订立和履行一般都需要较长的准备期，在合同的履行过程中，还可能因为不可抗力、工程变更、材料供应不及时等原因而导致合同期限顺延。所有这些情况，决定了建设工程合同的履行期限具有长期性。

4. 计划和程序的严格性

由于工程建设对国家的经济发展、公民的工作和生活都有重大的影响，因此，国家对建设工程的计划和程序都有严格的管理制度。订立建设工程合同必须以国家批准的投资计划为前提，即使是国家投资以外的、以其他方式筹集的投资也要受到当年的贷款规模和批准限额的限制，纳入当年投资规模的平衡，并经过严格的审批程序。建设工程合同的订立和履行还必须符合国家关于建设程序的规定。

5. 合同形式的特殊要求

我国《合同法》在一般情况下对合同形式采用书面形式还是口头形式没有限制，即对合同形式确立了以不要式为主的原则。但是考虑到建筑工程施工的长期性和复杂性，在施工过程中经常会发生影响合同履行的纠纷，因此，《合同法》要求，建设工程合同应当采用书面形式。这也反映了国家对建设工程合同的重视。

三、建设工程施工合同的订立

1. 订立施工合同应具备的条件

（1）初步设计已经批准；

（2）工程项目已经列入年度建设计划；

（3）有能够满足施工需要的设计文件和有关技术资料；

（4）建设资金和主要建筑材料设备来源已经落实；

（5）招投标工程，中标通知书已经下达。

2. 订立施工合同应当遵守的原则

(1) 遵守国家法律、法规和国家计划原则

订立施工合同，必须遵守国家法律、法规，也应遵守国家的建设计划和其他计划（如贷款计划等）。建设工程施工对经济发展、社会生活有多方面的影响，国家有许多强制性的管理规定，施工合同当事人都必须遵守。

(2) 平等、自愿、公平的原则

签订施工合同当事人双方，都具有平等的法律地位，任何一方都不得强迫对方接受不平等的合同条件，合同内容应当是双方当事人真实意思的体现。合同的内容应当是公平的，不能单纯损害一方的利益，对于显失公平的施工合同，当事人一方有权申请人民法院或者仲裁机构予以变更或者撤销。

(3) 诚实信用原则

诚实信用原则要求在订立施工合同时要诚实，不得有欺诈行为，合同当事人应当如实将自身和工程的情况介绍给对方。在履行合同时，施工合同当事人要守信用，严格履行合同。

3. 订立施工合同的程序

施工合同作为合同的一种，其订立也应经过要约和承诺两个阶段。其订立方式有两种：直接发包和招标发包。如果没有特殊情况，工程建设的施工都应通过招标投标确定施工企业。

中标通知书发出后，中标的施工企业应当与建设单位及时签订合同。依据《中华人民共和国招标投标法》和《工程建设施工招标投标管理办法》的规定，中标通知书发出30天内，中标单位应与建设单位依据招标文件、投标书等签订工程承发包合同（施工合同）。签订合同的必须是中标的施工企业，投标书中已确定的合同条款在签订时不得更改，合同价应与中标价相一致。如果中标施工企业拒绝与建设单位签订合同，则建设单位将不再返还其投标保证金（如果是由银行等金融机构出具投标保函的，则投标保函出具者应当承担相应的保证责任），建设行政主管部门或其授权机构还可给予一定的行政处罚。

第二节　建设工程施工合同及FIDIC土木工程施工合同条件简介

一、建设工程施工合同

根据有关工程建设的法律、法规，结合我国工程建设施工的实际情况，并借鉴了国际上广泛使用的FIDIC土木工程施工合同条件，建设部、国家工商行政管理局于1999年12月24日发布了《建设工程施工合同（示范文本）》（GF－1999－0201），以下简称《施工合同文本》。该文本是对建设部、国家工商行政管理局1991年3月31日发布的《建设工程施工合同示范文本》（GF-1991-0201）的改进，是各类公用建筑、民用建筑、工业厂房、交通设施及线路管道的施工和设备安装的合同样本。

1. 建设工程施工合同示范文本内容梗概

《施工合同文本》由《协议书》、《通用条款》、《专用条款》三部分组成，并附有三个附件。《协议书》是《施工合同文本》中总纲性的文件，是发包人与承包人依照《中华人

民共和国合同法》、《中华人民共和国建筑法》及其他有关法律、行政法规，遵循平等、自愿、公平和诚实信用的原则，就建设工程施工中最重要的事项协商一致而订立的协议。虽然其文字量并不大，但它规定了合同当事人双方最主要的权利、义务。规定了组成合同的文件及合同当事人对履行合同义务的承诺，并且合同双方当事人要在这份文件上签字盖章，因此具有很高的法律效力。《通用条款》是根据《合同法》、《建筑法》、《建设工程施工合同管理办法》等法律、法规，对承、发包双方的权利义务作出的规定，除双方协商一致对其中的某些条款作出修改、补充或取消外，其余条款双方都必须履行。它是将建设工程施工合同中共性的一些内容抽出来编写的一份完整配合同文件。《通用条款》具有很强的通用性，基本适用于各类建设工程。《通用条款》有 11 类共 47 条。《专用条款》是考虑到建设工程的内容各不相同，工期、造价也随之变动，承包、发包人各自的能力、施工到场的环境也不相同，《通用条款》不能完全适用于各个具体工程，因此配之以必要的修改和补充，使《通用条款》和《专用条款》共同成为双方统一意愿的体现。《专用条款》的条款号与《通用条款》相一致，但主要是空格，由当事人根据工程的具体情况予以明确或者对《通用条款》进行修改。

《施工合同文本》的附件则是对施工合同当事人的权利、义务的进一步明确，并且使得施工合同当事人的有关工作一目了然，便于执行和管理。

建设工程施工合同示范文本文件构成的具体内容如表 6-1 所示。

建设工程施工合同示范文本内容 **表 6-1**

组成文件	文件内容
协议书	①工程概况。主要包括：工程名称、工程地点、工程内容、工程立项批准文号、资金来源等。②工程承包范围。③合同工期。包括开工日期、竣工日期、合同工期总日历天数。④质量标准。⑤价款（分别用大、小写表示）。⑥组成合同的文件。⑦本协议书中有关词语含义与合同示范文本《通用条款》中分别赋予它们的定义相同。⑧承包人向发包人承诺按照合同约定进行施工、竣工并在质量保修期内承担工程质量保修责任。⑨发包人向承包人承诺按照合同约定的期限和方式支付合同价款及其他应当支付的款项。⑩合同生效。包括合同订立时间（年、月、日、合同订立地点、本合同双方约定的生效的时间）
通用条款	①词语定义及合同文件。②双方一般的权利和义务。③施工组织设计和工期。④质量与检验。⑤安全施工。⑥合同价款与支付。⑦材料设备供应。⑧工程变更。⑨竣工验收与结算。⑩违约、索赔和争议。⑪其他
专用条款	考虑到建设工程的内容、工期、造价也随之变动，承包、发包人各自的能力、施工到场的环境也不相同，《专用条款》是对《通用条款》作必要的修改和补充
附件	附件一是《承包人承揽工程项目一览表》，附件二是《发包人供应材料设备一览表》，附件三是《工程质量保修书》

2. 施工合同文件的组成及解释顺序。《施工合同文本》规定了施工合同文件的组成及解释顺序。组成建设工程施工合同的文本包括

（1）合同协议书；

（2）中标通知书；

（3）投标函及投标函附录；

（4）专用合同条款；

(5) 通用合同条款；
(6) 技术标准和要求；
(7) 图纸；
(8) 已标价工程量清单；
(9) 其他合同文件。

双方有关工程的治商、变更等书面协议或文件均视为施工合同的组成部分。上述合同文件应能够互相解释、互相说明。当合同文件中出现不一致时，上面的顺序就是合同的优先解释顺序。当合同文件出现含糊不清或者当事人有不同理解时，按照合同争议的解决方式处理。

有关建设施工合同中涉及合同主体的权利和义务；涉及施工质量的条款；涉及施工进度的条款；涉及费用的条款；涉及法律、法规的条款均参见附件《建设工程施工合同》示范文本（GF-99-0201）。书后附件 1

二、FIDIC《土木工程施工合同条件》简介

1. 概述

合同条件是合同文件最为重要的组成部分。在国际工程承发包中，业主和承包商在订立工程合同时，常参考一些国际性的知名专业组织编制的标准合同条件，FIDIC 条款是国际惯例。所谓国际惯例是国际习惯和国际通例的总称，是一种国际行为规范。一般讲，它在效力上是任意性和准强制性的混合，有时是在国际交往中逐渐形成的不成文的法律规范。国际惯例可分为国际外交惯例和国际商业（贸易）惯例，与我们直接有关的主要是指后者，它又被习惯地称为国际经济惯例。国际惯例的形成条件在于：有习惯的事实；内容既明确又规范；与现行法律没有冲突而法律又未明确规定；不违背公序良俗；经过国家、民事承认并有一定强制力保证。本节主要介绍国际咨询工程师联合会（FIDIC）编制的施工合同条件。

FIDIC 是指国际咨询工程师联合会，它是该联合会法文名称的缩写。该联合会是被世界银行认可的咨询服务机构，总部设在瑞士洛桑。它的会员在每个国家只有一个，中国于 1996 年正式加入。

FEIC 是由欧洲三个国家的咨询工程师协会于 1913 年成立的。现已有全球各地 60 多个国家和地区的成员加入了 FIDE，可以说 FIDIC 代表了世界上大多数独立的咨询工程师，是最具有权威性的咨询工程师组织，它推动了全球范围内的高质量的工程咨询服务业的发展。

2. FIDIC 合同条件适用的范围：适用于一般的土木工程，其中包括工业与民用建筑工程、水电工程、路桥工程、港口工程等建设项目。它在传统上主要适用于国际工程施工。但同样适用于国内合同（只要把专用条件稍加修改即可）。

3. FIDIC 合同条件应用的条件：①通过竞争性招标确定承包商；②适用于由咨询工程师进行施工管理的工程项目；③按照固定单价方式编制招标文件（指在合同规定的施工条件下单价固定不变。若发生施工条件变化，或在工程变更、额外工程、加速施工等条件下，将重新议定单价，进行合理地索赔补偿）。

4. FIDIC 合同条件特征：

①通用性，即在国际上大多数国家和地区通用。

②稳定性，不受政策调整和经济波动的影响。

③效益性，即被国际交往活动所验证是成功的。

④重复性，即被在重复多次地运作。

⑤准强制性，即虽不是法律，但受各国法律的保护，具有一定的法律约束力。

⑥其效力是任意和准强制性的混合。

5. FIDIC 合同条件的应用

（1）我国建设工程施工合同（示范文本）参照、等效甚至等同采用 FDIC 条款的模式。

（2）我国引用的“世行”、“亚行”、“非行”贷款项目及某些外资贷款项目直接全部或部分引用 FIDIC 条款。

（3）我国诸多重点、大工程大量引用 FIDE 条款订立合同。

（4）是我国某些法律与国际惯例接轨的需要。

6. FIDIC 合同条件的构成和文件组成

（1）FIDIC 合同条件的构成

FIDIC 合同条件有第一部分的通用条件和第二部分专用条件两部分构成。FIDIC 合同条件由通用合同条件和专用合同条件两部分构成。FIDIC 通用合同条件是固定不变的，可以适用于所有土木工程的，条款也非常具体而明确，大量的条款明确地规定了在工程实施某一具体问题上双方的权利和职责，它的效力高于通用条款，有可能对通用条款进行修改；FIDIC 专用合同条件是基于不同地区，不同行业的土建类工程施工共性条件而编制的通用条件已是分门别类、内容详尽的合同文件范本。其内容若与专用条款冲突，应以专用条款为准。

（2）FIDIC 合同条件的文件组成

在 FIDIC 合同条件下，合同文件除合同条件外，还包括其他对业主、承包方都有约束力的文件（例：争端裁决协议书一般条件和程序规则、投标保函格式、履约担保函格式、其他保函格式）。构成合同的这些文件应该是互相说明、互相补充的，但是这些文件有时会产生冲突或含义不清。此时，应由工程师进行解释，其解释应按构成合同文件的内容按以下先后次序进行：

①合同协议书；

②中标函；

③投标书；

④合同条件第二部分（专用条件）；

⑤合同条件第一部分（通用条件）；

⑥规范；

⑦图纸；

⑧资料表和构成合同组成部分的其他文件。

7. FIDIC 施工合同条件

FIDIC 施工合同条件包括：涉及权利义务的条款、涉及质量控制的条款、涉及工程进度控制的条款、涉及成本的条款和涉及其他的条款五大部分。本部分内容是以 1999 年出版的FIDIC施工合同条件为依据。对FIDIC施工合同条件中主要的内容作了一个初步的归纳。

专项实训：模拟签订建设工程施工合同

1. 实践目的

通过一个中（小）型规模的建筑工程专项训练，学生体验建设工程施工合同的签订程序，熟悉建设工程施工合同内容及相关法律规定。使学生具备完成简单建筑工程施工合同谈判、签订合同的能力。为学生毕业后从事建筑施工企业合同员岗位奠定基础。

2. 实践（训练）方式

学生在教师指导下，以小组为单位分成建设单位和施工单位，模拟建筑工程施工合同谈判、签订合同过程。具体步骤如下：

（1）准备工作：一个中（小）型规模的建筑工程

①招标文件；

②工程施工图；

③投标书；

④中标通知书；

⑤模拟签订合同场地。

（2）组建建设单位和施工单位合同签订小组；

（3）熟悉招标文件、投标文件、中标通知书等内容，了解工程性质和企业双方情况；

（4）熟悉、理解建设工程施工合同（示范文本）中的通用条款；

（5）参照建设工程施工合同（示范文本）草拟合同专用条款；

（6）对合同中有争议条款进行协商；

（7）订立施工合同。

3. 实践（训练）内容和要求

（1）各组制定模拟签订建设工程施工合同工作计划；

（2）各组作好学习日记；

（3）在教师指导下，每一组（包括一个建设单位和一个施工单位）独立完成承包工程；

（4）采用国家建设工程施工合同（示范文本）标准，在教学规定的实训时间内完成全部实训任务；

（5）完成实训总结。

4. 注意事项

（1）合同文件应尽量详细和完善；

（2）尽量采用标准的专业术语；

（3）充分发挥学生的积极性、主动性和创造性。

小　　结

建设工程施工合同即建筑安装工程承包合同，是发包人和承包人为完成商定的建筑安装工程，明确相互权利、义务关系的合同。是施工单位进行工程建设质量管理、进度管理、费用管理的主要依据之一，依照施工合同，承包方应完成一定的建筑、安装工程任务，发包方应提供必要的施工条件并支付工程价款。

复习思考题

1. 建设工程合同的概念？合同在工程建设中的作用有哪些？

2. 简述建设工程各主体之间的关系。

3. 建设工程合同的种类有哪些？

4. 建筑工程施工合同的特点及订立的条件有哪些？

5.《建设工程施工合同示范文本》与《FIDIC 土木工程施工合同条件》在文件解释顺序上有什么不同？

6. 建筑工程施工合同有哪些文件的组成？

7. 建设工程施工合同示范文本内容有几部分组成？

第七章　建设工程施工合同管理

【能力目标、知识目标】

通过本章的学习，使学生在理解施工合同管理原则的基础上，具有判断建筑工程不可抗力事件的能力，认识施工索赔事件并及时搜集证据、进行施工索赔费用计算能力。为学生从事建筑施工管理相关工作奠定基础。

第一节　建筑工程施工合同管理

施工合同管理是指各级工商行政管理机关、建设行政主管机关，以及工程发包单位、监理单位、承包单位依据法律法规、规章制度，采取法律的行政的手段，对施工合同关系进行组织、指导、协调及监督，保护施工合同当事人的合法权益，处理施工合同纠纷，防止和制裁违法行为，保证施工合同贯彻实施的一系列活动。

施工合同管理，既包括各级工商行政管理机关、建设行政主管机关对施工合同进行宏观管理（第一层次），也包括建设单位（业主）、监理单位、承包单位对施工合同进行微观管理（第二层次）。合同管理贯穿招标投标、合同谈判与签约、工程实施、交工验收及保修阶段的全过程。

目前我国建设工程合同管理的现状是：①合同意识薄弱、工程管理水平较低，难以适应现代工程建设的需要；②合同管理人才非常缺乏；③法制不很健全，有法不依，市场不规范，合同约束力不强。这严重影响了我国工程项目管理水平的提高，更对工程经济效益和工程质量产生了严重的损害。

一、施工过程中的合同管理

1. 施工合同管理的特点：

①施工合同管理周期长：因为现代工程体积大、结构复杂、技术和质量标准高、周期长，施工阶段及保修期施工合同管理是一项长期的、循序渐进的工作。

②施工合同管理与效益、风险密切相关：在工程实施过程中，由于工程价值量大，合同价格高，合同实施时间长、涉及面广，受政治、经济、社会、法律和自然条件等的影响较大，合同管理水平的高低直接影响双方当事人的经济效益。同时，合同本身常常隐藏着许多难以预测的风险。

③施工合同的管理变量多：在工程实施过程中内外干扰事件多、且具有不可预见性，使合同变更非常频繁。

④施工合同管理是综合性的、全面的管理工作：在建筑工程项目管理中进度控制、质量控制、投资控制和信息管理已成为承包商施工合同管理的核心。

2. 施工合同管理的内容：

①建立合同实施的保证体系，确保合同实施过程中的一切日常事务性工作有秩序地进行，使工程项目的全部合同事件处于控制中，保证合同目标的实现。

②对合同执行情况进行监督。承包商应以积极合作的态度完成自己的合同责任，努力做好自查、自督，并监督各工程小组和分包商按合同施工，认真做好各分合同的协调和管理工作。同时也应督促并协助业主和监理工程师完成他们的合同责任，以保证工程顺利进行。

③对合同的实施进行跟踪。主要包括：收集合同实施的信息及各种工程资料，并作出相应的信息处理；将合同实施情况与计划进行对比分析，找出偏离；对合同履行情况作出诊断；向项目经理及时通报合同实施情况及问题；提出合同实施方面的意见、建议等。

④进行合同变更管理。参与变更谈判，对合同变更进行事务性处理，落实变更措施，修改变更相关的资料，检查变更措施落实情况，并及时反馈给项目经理和业主（监理工程师）。

⑤索赔管理和反索赔。包括与业主之间的索赔和反索赔，与分包商、材料供应商及其他方面之间的索赔和反索赔。

3. 施工合同管理的组织

对一个建筑工程施工过程中，施工企业对合同的管理实行企业合同管理部门和项目经理部（工程队）两级合同管理组织。

（1）施工企业设置合同管理部门。合同管理部门一般分为质量管理、进度计划、成本控制和技术方案等四个分部或职能，配备专职合同管理人员负责企业所有工程合同的总体管理工作，建立合同管理制度和合同管理工作程序，充分发挥合同管理的纽带作用。但合同管理的重点是项目部。合同管理部门和合同管理人员主要工作包括：①参与投标工作，对招标文件、对合同条件进行评审；②收集市场和工程信息、对工程合同进行总体策划；③参与合同谈判与合同的签订，为合同谈判和签订提出意见、建议甚至警告；④向工程项目派遣合同管理人员；⑤对工程项目的合同履行情况进行汇总、分析，对合同实施进行总的指导、分析和诊断，协调项目各个合同的实施；⑥处理与业主及其他方面重大的合同关系、具体地组织重大的索赔。

（2）对于大型的工程项目，设立项目的合同管理小组，将合同管理小组纳入施工组织系统中，设立合同经理、合同工程师和合同管理员，专门负责与该项目有关的合同管理工作。

（3）对于一般的项目、较小的工程，在项目经理领导下进行施工现场的合同管理工作。对于处于分包地位，且承担的工作量不大、工程不复杂的承包商，工地上可不设专门的合同管理人员，而将合同管理的任务分解下达给各职能人员，由项目经理作总体协调。

4. 建筑工程合同管理工作程序

（1）订立定期和不定期的协商会议制度

在工程过程中，业主、监理工程师和各承包商之间，承包商和分包商之间以及承包商项目管理职能人员和各工程队（小组）负责人之间都应有定期的协商会。以解决进度和各种计划落实情况、各方面工作的协调、后期工作安排，以及讨论和解决目前已经发生的和以后可能发生的各种问题，并做出相应的决议；讨论合同变更问题、做出合同变更决议、落实变更措施、决定合同变更的工期和费用补偿数量等。承包商与业主，总包和分包之间会谈中的重大议题和决议，应用会谈纪要的形式确定下来。它是合同的一部分。

对工程中出现的特殊问题可不定期地召开特别会议讨论解决方法，以保证合同实施一直得到很好的协调和控制。

（2）订立一些经常性的工作程序

如工程变更程序，分包商的索赔程序，分包商的账单审查程序，材料、半成品、成品、构配件、设备等进场检查（抽检）验收程序，检验批、分部（分项）工程、隐蔽工程检查验收程序，安全（质量）事故处理程序，工程进度付款账单的审查批准程序，工程问题的请示报告程序等。

（3）订立一些非经常性的工作程序对于一些非经常性的工作如发现地下文物、不可抗力等也应有一套应变管理工作程序。

（4）建立文档管理系统

为了防止合同在履行中发生纠纷，合同管理人员应加强合同文件的管理，及时填写并保存经有关方面签证的文件和单据，主要包括：

①招标文件、投标文件、合同文本、设计文件、规范、标准以及经设计单位和建设单位（业主或业主代表）签证的设计变更通知等；

②建设单位负责供应的设备、材料进场时间以及材料规格、数量和质量情况的备忘录；

③承包商负责的主要建筑材料、成品、半成品、构配件及设备；

④材料代用议定书；

⑤主控项目和一般项目的质量抽样检验报告，施工操作质量检查记录，检验批质量验收记录，分项工程质量验收记录，隐蔽工程检查验收记录，中间交工工程的验收文件分部工程质量控制资料；

⑥质量事故鉴定书及其采取的处理措施；

⑦合理化建议内容及节约分成协议书；

⑧赶工协议及提前竣工收益分享协议；

⑨与工程质量，预结算和工期等有关的资料和数据；

⑩与业主代表定期会议的纪录，业主或业主代表的书面指令，与业主（监理工程师）的来往信函，工程照片及各种施工进度报表等。

二、施工合同在实施中管理

（一）对不可抗力事件的管理

1. 不可抗力事件的概念及范围

不可抗力是指合同当事人不能预见、不能避免并不能克服的客观情况。建设工程施工中的不可抗力包括因战争、动乱、空中飞行物坠落或其他非发包人承包人责任造成的爆炸、火灾，以及专用条款约定程度的风、雨、雪、洪水、地震等自然灾害。

不可抗力事件发生后，对施工合同的履行会造成较大的影响。在施工合同的履行中，应当加强管理，在可能的范围减少或者避开不可抗力事件的发生（如爆炸、火灾等有时就是因为管理不善引起的）。不可抗力事件发生后应当尽量减少损失。

2. 事件发生后处理程序和责任

（1）处理程序：不可抗力事件发生后，承包人应在力所能及的条件下迅速采取措施，尽量减少损失，发包人应协助承包人采取措施。并在不可抗力事件结束后 48 小时内承包人向工程师通报受害情况和损失情况，预计清理和修复的费用。发包人应协助承包人采取措施。不可抗力事件继续发生，承包人应每隔7天向工程师报告一次受害情况，并于不可抗力事件结束后14天内，向工程师提交清理和修复费用的正式报告及有关资料。

（2）因不可抗力事件导致的费用及延误的工期由双方按以下原则分别承担。

①工程本身的损害、因工程损害导致第三方人员伤亡和财产损失以及运至施工场地用于施工的材料和待安装的设备的损害，由发包人承担；

②发包人、承包人人员伤亡由其所在单位负责，并承担相应费用；

③承包人机械设备损坏及停工损失，由承包人承担；

④停工期间，承包人应按工程师要求留置在施工现场的管理人员及保卫人员的费用由发包人承担。

⑤工程所需清理、修复费用，由发包人承担；

⑥延误的工期相应顺延。

因合同一方迟延履行合同后发生不可抗力的，不能免除迟延履行方的相应责任。

（二）保险的管理

虽然我国对工程保险（主要是施工过程中的保险）没有强制性的规定，但随着业主负责制的推行，以前存在着事实上由国家承担不可抗力风险的情况将会有很大改变。工程项目参加保险的情况会越来越多。

双方的保险义务分担如下：

（1）工程开工前，发包人应当为建设工程和施工场地内发包人人员及第三方人员生命财产办理保险，支付保险费用。发包人可以将上述保险事项委托承包人办理，但费用由发包人承担。

（2）承包人必须为从事危险作业的职工办理意外伤害保险，并为施工场地内自有人员生命财产和施工机械设备办理保险，支付保险费用。

（3）对运至施工场地内用于工程的材料和待安装设备，不论由承发包双方任何一方保管都应由发包人（或委托承包人）办理保险，并支付保险费用。

保险事故发生时，承发包双方有责任尽力采取必要的措施，防止或者减少损失。

（三）担保的管理

1. 担保的方式

担保的方式有保证、抵押、质押、留置和定金五种。在施工合同中，一般都是由信誉较好的第二方（如银行）出具保函的方式担保施工合同当事人履行合同。从担保理论上说，这种保函实际是一份保证书，是一种保证担保。这种担保是以第三方的信誉为基础的，对于担保义务人而言，可以免于向对方交纳一笔资金或者提供抵押、质押财产。

2. 担保的形式

承发包双方为了全面履行合同，应互相提供：

①发包人向承包人提供履约担保，按合同约定履行自己的各项义务。

②承包人向发包人提供履约担保，按合同约定履行自己的各项义务。提供担保的内容、方式和相关责任，承发包双方除在专用条款中约定外，被担保方和担保方还应签订担保合同，作为施工合同的附件。

对于项目经理而言，提供担保后，承包商履行合同的约束力增加了。由银行出具保函时，如果承包商违约，发包方将要求银行支付保函中承诺的保证金。银行支付后，即产生向承包商要求赔偿的权利。所以，当承包商的履约信誉不佳时，银行会拒绝出具保函，如果出现违约事件，最终受损失的是承包商。因此，项目经理及其项目部应当严格履行合同规定的各项义务。

当合同都顺利履行以后，履约担保将被退回。

（四）工程转包与分包的管理

1. 概述

施工企业的施工力量、技术力量、人员素质、信誉好坏等，对工程质量、投资控制、进度控制等有直接影响。发包人是在经过了一系列考察以及资格预审、投标和评标等活动之后选中承包人的，签订合同不仅意味着双方对报价、工期等可定量化因素的认可，也意味着发包人对承包人的信任。因此在一般情况下，承包人应当以自己的力量来完成施工任务或者主要施工任务。

2. 工程转包

（1）概念

工程转包是指不行使承包人的管理职能，不承担技术经济责任，将所承包的工程倒手转给他人承包的行为。承包人不得将其承包的全部工程转包给他人，也不得将其承包的全部工程肢解以后以分包的名义分别转包给他人。工程转包，不仅违反合同，也违反了我国《建筑法》的规定。

（2）转包形式

①承包人将承包的工程全部包给其他施工单位，从中提取回扣者；

②承包人将工程的主要部分或群体工程（指结构技术要求相同的）中半数以上的单位工程包给其他施工单位者；

③分包单位将承包的工程再次分包给其他施工单位者。

3. 工程分包的管理

（1）概念

工程分包是指经合同约定和发包人认可，从工程承包人承包的工程中承包部分工程的行为。承包人按照有关规定对承包的工程进行分包是允许的。

（2）分包合同的签订与履行

①分包合同的签订：承包人必须自行完成建设项目（或单项、单位工程）的主要部分，其非主要部分或专业性较强的工程可分包给营业条件符合该工程技术要求的建筑安装单位。结构和技术要求相同的群体工程，承包人应自行完成半数以上的单位工程。

承包人按专用条款的约定分包所承包的部分工程，并与分包人签订分包合同。未经发包人同意，承包人不得将承包工程的任何部分分包。

分包合同签订后，发包人与分包人之间不存在直接的合同关系。分包人应对承包人负责，承包人对发包人负责。

②分包合同的履行：工程分包不能解除承包人任何责任与义务。承包人应在分包场地派驻相应监督管理人员，保证本合同的履行。分包单位的任何违约行为、安全事故或疏忽导致工程损害或给发包方造成其他损失，承包方承担连带责任。

分包工程价款由承包人与分包人结算。发包人未经承包人同意不得以任何形式向分包人支付各种工程款项。

（五）合同争议的管理

1. 施工合同争议的解决方式

合同当事人在履行施工合同时发生争议，可以和解或者要求合同管理及其他有关主管部门调解。当事人不愿和解、调解或者和解或调解不成的，双方可以在专用条款内约定以下一种方式解决争议。

第一种解决方式：双方达成仲裁协议，向约定的仲裁委员会申请仲裁；

第二种解决方式：向有管辖权的人民法院起诉。

以上两种争议解决方式都是最终的解决方式，只能约定其中一种。如果由仲裁作为最终的解决方式，则这部分内容将成为仲裁协议。双方必须约定具体的仲裁委员会，否则仲裁协议将无效，因为仲裁没有法定管辖。

2. 解决施工合同争议的特点：

（1）一旦发生争议，施工企业应当尽量争取通过和解或者调解解决争议，因为这样解决争议的速度快、成本低，且有利于与对方的继续合作。但是，施工企业应当有这种准备和努力，即并不排除双方在施工合同中约定仲裁或者诉讼。

（2）一旦合同的争议将进入仲裁或者诉讼，建筑施工企业的项目经理都应及时向企业的领导汇报和请示。因为仲裁或者诉讼必须以企业（具有法人资格）的名义进行。并且仲裁或者诉讼一般都被认为是企业的一项重要事项，许多决策必须由企业作出。

（3）争议发生后允许停止履行合同的情况

发生争议后，在一般情况下，双方都应继续履行合同，保持施工连续，保护好已完工程。

只有出现下列情况时，当事人方可停止履行施工合同：

①单方违约导致合同确已无法履行，双方协议停止施工；

②调解要求停止施工，且为双方接受；

③仲裁机构要求停止施工；

④法院要求停止施工。

（六）施工合同的解除管理

施工合同订立后，当事人应当按照合同的约定履行。但是，在一定的条件下，合同没有履行或者完全履行，当事人也可以解除合同。

1. 可以解除合同的形式

（1）合同的协商解除

施工合同当事人协商一致，可以解除。这是在合同成立以后、履行完毕以前，双方当事人通过协商而同意终止合同关系的解除。当事人的这项权利是合同中意思自治的具体体现。

（2）发生不可抗力时合同的解除

因为不可抗力或者非合同当事人的原因，造成工程停建或缓建，致使合同无法履行，合同双方可以解除合同。

（3）当事人违约时合同的解除

①发包人不按合同约定支付工程款（进度款），双方又未达成延期付款协议，导致施工无法进行，承包人停止施工超过56天，发包人仍不支付工程款（进度款），承包人有权

解除合同。

②承包人将其承包的全部工程转包给他人或者分解后以分包的名义分别转包给他人，发包人有权解除合同。

③合同当事人一方的其他违约致使合同无法履行，合同双方可以解除合同。

2. 一方主张解除合同的程序

一方主张解除合同的，应向对方发出解除合同的书面通知，并在发出通知前 7 天告知对方。通知到达对方时合同解除。对解除合同有异议的，按照解决合同争议程序处理。

3. 合同解除后的善后处理步骤

（1）合同解除后，当事人双方约定的结算和清理条款仍然有效。

（2）承包人应当按照发包人要求妥善做好已完工程和已购材料、设备的保护和移交工作，按发包人要求将自有机械设备和人员撤出施工场地。

（3）发包人应为承包人撤出提供必要条件，支付以上所发生的费用，并按合同约定支付已完工程款。

（4）已订货的材料、设备由订货方负责退货或解除订货合同，不能退还的货款和退货、解除订货合同发生的费用，由发包人承担。

（七）违约责任的管理

违约责任是指发包人不按合同约定支付各项价款或工程师不能及时给出必要的指令、确认，致使合同无法履行，发包人承担违约责任，赔偿因其违约给承包人造成的直接损失，延误的工期相应顺延。

违约责任的形式：

（1）承包人不能按合同工期竣工，工程质量达不到约定的质量标准，或由于承包人原因致使合同无法履行，承包人承担违约责任，赔偿因其违约给发包人造成的损失。双方应当在专用条款内约定承包人赔偿发包人损失的计算方法或者承包人应当支付违约金的数额和计算方法。

（2）一方违约后，另一方可按双方约定的担保条款，要求提供担保的第三方承担相应责任。

（3）一方违约后，另一方要求违约方继续履行合同时，违约方承担违约责任后仍应继续履行合同。

施工企业在违约责任的管理方面，首先要管好己方的履约行为，避免承担违约责任。如果发包人违约的，应当督促发包人按照约定履行合同，并与之协商违约责任的承担。特别应当注意的是收集和整理对方违约的证据，因为不论是协商还是仲裁、诉讼，都要依据证据维护自己的权益。

第二节　建设工程施工索赔

对于一个完善的建筑市场，工程索赔是一种正常的现象。在我国，由于社会主义市场经济体制尚未完全形成，在工程实施中，业主不让索赔，承包商不敢索赔和不懂索赔，监理工程师不会处理索赔的现象普遍存在。面对这种情况，在建筑市场中，应当大力提高业主和承包商对工程索赔的认识，加强对索赔理论和方法的研究，认真对待和搞好工程索赔，这对维护国家和企业利益都有十分重要的意义。

一、施工索赔概念

1. 施工索赔，是在施工过程中，承包商根据合同和法律的规定，对并非由于自己的过错所造成的损失，或承担了合同规定之外的工作所付的额外支出，承包商向业主提出在经济或时间上要求补偿或赔偿的权利。

2. 施工反索赔：是在施工过程中，业主根据合同和法律的规定，对并非由于自己的过错所造成的损失，业主向承包商提出在经济或工期上要求赔偿的权利。

施工索赔是双方面的，既包括承包商向业主的索赔，也包括业主向承包商的索赔。索赔属于经济补偿行为，而不是惩罚，是合法的权利，而不是无理争利。而承包商向业主的索赔则是索赔管理的重点和难点。

二、索赔的依据、目的、原因

1. 索赔的依据：是签订的合同和有关法律、法规和规章。索赔成功的主要依据是合同和法律及与此有关的证据。没有合同和法律依据，没有依据合同和法律提出的各种证据索赔不能成立。

2. 施工索赔的目的：是承包商保护自身权益、弥补工程在工期和经济上损失、提高经济效益的重要和有效的手段，是补偿索赔方的损失。

3. 原因：我国加入 WTO 世贸组织，加速了与国际接轨的步伐，一些现代大型承包工程或国际承包工程，在施工中索赔事件经常发生，且索赔金额也较大。大大地提高了经济效益。取得了较好的效果。

常见的施工索赔事件及产生原因

（1）业主违约原因造成的事件：①没有按合同规定提供设计资料、图纸，未及时下达指令、答复请示，使工程延期；②没按合同规定的时期交付施工现场、道路，提供水电；③应由业主提供的材料和设备，使工程不能及时开工或造成工程中断；④未按合同规定按时支付工程款；⑤业主处于破产境地或不能再继续履行合同或业主要求采取加速措施，业主希望提前交付工程等；⑥业主要求承包商完成合同规定以外的义务或工作。

（2）合同文件缺陷的原因造成的事件：①合同条文间有矛盾，措词不当等；②由于合同文件复杂，合同权利和义务的范围、界限的划定理解不一致，对合同理解的差异，致使工程管理失策。

（3）勘测、设计原因造成的事件：①现场条件与设计图纸不符合，造成工程报废、返工、窝工；②地质条件的变化：工程地质与合同规定不一致，出现异常情况，如未标明管线、古基或其他文物等。

（4）业主和监理工程师方面原因造成的事件：①各承包单位技术和经济关系错综复杂，互相影响；②下达错误的指令，提供错误的信息；③业主或监理工程师指令增加，减少工程量，增加新的附加工程，提高设计、施工材料的标准，不适当决定及苛刻检查；④非承包商原因，业主或监理工程师指令中止工程施工；⑤在工程施工和保修期间，由于非承包商原因造成未完成已完工程的损坏；⑥业主要求修改施工方案，打乱施工程序；⑦非承包商责任的工程拖延。

（5）不可抗力的原因造成的事件：①特别反常的气候条件或自然灾害，如超标准洪水、地下水、地震；②经济封锁、战争、动乱、空中飞行物坠落；③建筑市场和建材市场的变化，材料价格和工资大幅度上涨；④国家法令的修改、城建和环保部门对工程新的建议和要求或干涉；⑤货币贬值，外汇汇率变化；⑥其他非业主责任造成的爆炸、火灾等形成对工程实施的内外部干扰。

三、索赔的分类

1. 按索赔的目的，索赔分为工期索赔和费用索赔，工期索赔要求得到工期的延长，费用索赔是由于造成工程成本增加，承包商可以根据合同规定提出费用补偿要求。

2. 按索赔发生的原因，索赔分为延期索赔、工程变更索赔和不利现场条件索赔。

（1）延期索赔。延期索赔主要表现在由于业主的原因不能按原定计划的时间进行施工所引起的索赔。业主未能按合同规定提供施工条件，如未及时交付图纸、技术资料、场地、道路等；承包商原因业主指令停止工程实施；其他不可抗力因素作用等原因。

（2）工程变更索赔。由于业主或工程师指令修改设计、增加或减少工程量、增加或删除部分工程、修改实施计划、变更施工次序等，造成工期延长和费用增加。

（3）施工加速索赔。施工加速索赔经常是延期或工程变更索赔的结果，有时也被称为“赶工索赔”，而施工加速索赔与劳动生产率的降低关系极大，因此又称为劳动生产率损失索赔。

如果业主要求承包商比合同规定的工期提前，或者因工程前段的工程拖期，要求后一阶段工程弥补已经损失的工期，使整个工程按期完工。这样，承包商可以因施工加速成本超过原计划的成本而提出索赔，其索赔的费用一般应考虑加班工资、雇用额外劳动力、采用额外设备、改变施工方法、提供额外监督管理人员和由于拥挤，干扰加班引起疲劳的劳动生产率损失所引起的费用的增加。

（4）不利现场条件索赔。不利的现场条件是指合同的图纸和技术规范中所描述的条件与实际情况有实质性的不同，或合同中未作描述而且一个有经验的承包商也无法预料的。不利现场条件索赔应归咎于确实不易预知的某个事实。如现场的水文，地质条件在设计时全部弄得一清二楚几乎是不可能的，只能根据某些地质钻孔和土样试验资料来分析和判断。

3. 按索赔处理方式和处理时间不同，可分为单项索赔和一揽子索赔

（1）单项索赔。它是指在工程实施过程中，出现了干扰原合同的索赔事件，承包商为此事件提出的索赔。如业主发出设计变更指令，造成承包商成本增加，工期延长。承包商为变更设计这一事件提出索赔要求，就可能是单项索赔。应当注意，单项索赔往往在合同中规定必须在索赔有效期内完成，即在索赔有效期内提出索赔报告，经监理工程师审核后交业主批准。如果超过规定的索赔有效期，则该索赔无效。因此对于单项索赔，必须有合同管理人员对日常的每一个合同事件跟踪，一旦发现问题即应迅速研究是否对此提出索赔要求。

单项索赔由于涉及的合同事件比较简单，责任分析和索赔值计算不太复杂，金额也不会太大，双方往往容易达成协议，获得成功。

（2）一揽子索赔，又称总索赔。它是指承包商在工程竣工前后，将施工过程中已提

出、但未解决的索赔汇总一起，向业主提出一份总索赔报告的索赔。

这种索赔是在合同实施过程中，一些单项索赔问题比较复杂，不能立即解决，经双方协商同意留待以后解决。有的是业主对索赔迟迟不作答复，采取拖延的办法，使索赔谈判旷日持久，或有的承包商对合同管理的水平差，平时没有注意对索赔的管理，忙于工程施工，当工程快完工时，发现自己亏了本，或业主不付款时，才准备进行索赔，甚至提出仲裁或诉讼。

因此，承包商在进行施工索赔时，一定要掌握索赔的有利时机，力争单项索赔，使索赔在施工过程中一项一项地单项解决。对于实在不能单项解决，需要一揽子索赔的，也应力争在施工建成移交之前完成主要的谈判与付款。如果业主无理拒绝和拖延索赔，承包商还有约束业主的合同“武器”。否则，工程移交后，承包商就失去了约束业主的“王牌”，业主有可能“赖账”，使索赔长期得不到解决。

对于一个有索赔经验的承包商来说，一般从投标开始就可能发现索赔机会，至工程建成一半时，就会发现很多的索赔机会，施工建成一半后发现的索赔，往往来不及得到彻底的处理。在工程建成1/4～3/4这阶段应大量地、有效地处理索赔事件，承包商应抓紧时间，把索赔争端在这一段内基本解决。整个项目的索赔谈判和解决阶段，应该争取在工程竣工验收或移交之前解决，这是最理想的解决索赔方案。

4. 依据合同的索赔分类

索赔的目的为了得到费用损失和工期延长，其依据是按合同中条款的规定。因此索赔按合同的依据分类，可分为合同内索赔，合同外索赔和道义索赔。

(1) 合同内索赔，此种索赔是以合同条款为依据，在合同中有明文规定的索赔，如工程延误，工程变更，工程师给出错误数据导致放线的差错，业主不按合同规定支付进度款等等。这种索赔，由于在合同中明文规定往往容易得到。

(2) 合同外索赔。此种索赔一般是难于直接从合同的某条款中找到依据，但可以从对合同条件的合理推断或同其他的有关条款联系起来论证该索赔是属合同规定的索赔。例如，因天气的影响给承包商造成的损失一般应由承包商自己负责，如果承包商能证明是特殊反常的气候条件（如百年一遇的洪水，50年一遇的暴雨），就可利用合同条款中规定的“一个有经验的承包商无法合理预见不利的条件”而得到工期的延长，同时若能进一步论证工期的改变属于“工程变更”的范畴，也可得到费用的索赔。合同外的索赔需要承包商非常熟悉合同和相关法律，并有比较丰富的索赔经验。

(3) 道义索赔，这种索赔无合同和法律依据，承包商认为自己在施工中确实遭到很大损失，要向业主寻求优惠性质的额外付款。这只有在遇到通情达理的业主时才有希望成功。一般在承包商的确克服了很多困难，使工程获得满意成功，因而蒙受重大损失，当承包商提出索赔要求时，业主可出自善意，给承包商一定经济补偿。

四、索赔的证据资料

索赔的证据是在合同签订和合同实施过程中产生的用来支持其索赔成立或和索赔有关的证明文件和资料。主要有合同资料、日常的工程资料和合同双方信息沟通资料等。证据作为索赔文件的一部分，关系到索赔的成败。证据不足或没有证据，索赔不能成立。证据又是对方反索赔攻击的重点之一。

索赔证据是关系到索赔成败的重要文件之一。在合同实施过程中，资料很多，面很广。索赔管理人员需要考虑监理工程师、业主、调解人和仲裁人需要哪些证据索赔证据资料种类如下：

1. 合同文件、设计文件、计划类索赔证据。它包括：①招标文件、合同文本及附件，其他的各种签约（备忘录、修正案等）；②业主认可的工程实施计划，各种工程图纸（包括图纸修改指令），技术规范等；③承包商的报价文件，各种工程预算和其他作为报价依据的资料，如环境调查资料、标前会议和澄清会议资料等。

2. 来往信件、会谈纪要类索赔证据。它包括：业主的变更指令、来往信件、通知、对承包商问题的答复信及会谈纪要、经各方签署做出决议或决定。

3. 施工进度计划、实际施工进度记录。它包括：①总进度计划；②开工后业主的工程师批准的详细的进度计划、每月进度修改计划、实际施工进度记录、月进度报表等；工程的施工顺序、各工序的持续时间；劳动力、管理人员、施工机械设备、现场设施的安排计划和实际情况；③材料的采购订货、运输、使用计划和实际情况等。

4. 施工现场的工程文件类索赔证据。它包括：①施工记录、施工备忘录、施工日报、工长或检查员的工作日记、监理工程师填写的施工记录和各种签证等；②劳动力数量与分布、设备数量与使用情况、进度、质量、特殊情况及处理；各种工程统计资料，如周报、旬报、月报：本期中以及至本期末的工程实际和计划进度对比、实际和计划成本对比和质量分析报告、合同履行情况评价；③工地的交接记录（应注明交接日期，场地平整情况，水、电、路情况等）；④图纸和各种资料交接记录；工程中送停电、送停水、道路开通和封闭的记录和证明；⑤建筑材料和设备的采购、订货、运输、进场，使用方面的记录、凭证和报表等。

5. 工程照片类索赔证据。它包括：表示工程进度的照片、隐蔽工程覆盖前的照片、业主责任造成返工和工程损坏的照片等。

6. 气候报告索赔证据。它包括：天气情况记录。

7. 验收报告、鉴定报告类索赔证据。它包括：①工程水文地质勘探报告、土质分析报告；文物和化石的发现记录；②地基承载力试验报告、隐蔽工程验收报告；③材料试验报告、材料设备开箱验收报告；④工程验收报告等。

8. 市场行情资料类索赔证据。市场价格、官方的物价指数、工资指数、中央银行的外汇比率等公布材料、税收制度变化（如工资税增加，利率变化，收费标准提高）。

9. 会计核算资料类索赔证据。①工资单、工资报表、工程款账单、各种收付款原始凭证、如银行付款延误；②总分类账、管理费用报表、计工单、工程成本报表等。

五、施工索赔处理程序

1. 索赔事件发生后 28 天内，承包商完成索赔事件发生原因、索赔理由分析、索赔理由评价，并向工程师发出索赔意向通知；

2. 发出索赔意向通知后 28 天内，向工程师提出延长工期和（或）补偿经济损失的索赔报告及有关证据（工期延长或费用增加证据）资料。

3. 工程师在收到承包人送交的索赔报告和有关资料后，于 28 天内给予答复，或要求承包人进一步补充索赔理由和证据。

4. 工程师在收到承包人送交的索赔报告和有关资料后 28 天内未予答复或未对承包人作进一步要求，视为该项索赔已经认可。

5. 当该索赔事件持续进行时，承包人应当阶段性向工程师发出索赔意向，在索赔事件终了后 28 天内，向工程师提交索赔的有关资料和最终索赔报告。

6. 索赔的解决阶段。其解决方法有：和解、调解、仲裁、诉讼。

（1）和解：即双方“私了”。合同双方在自愿互谅的基础上，按照合同规定自行协商，通过摆道理，弄清责任，共同商讨，互作让步，使争执得到解决。和解是解决任何争执首先采用的最基本的，也是最常见的、最有效的方法。

（2）调解：是指在合同争执发生后，在第三人的参加和主持下，对双方当事人进行说服、协调和疏导工作，使双方当事人互相谅解并按照法律的规定及合同的有关约定达成解决合同争执的协议。如果合同双方经过协商谈判不能就索赔的解决达成一致，则可以邀请中间人进行调解。

（3）仲裁：合同双方达成仲裁协议的，向约定的仲裁委员会申请仲裁。在我国，仲裁实行一裁终局制度。裁决做出后，当事人若就同一争执再申请仲裁，或向人民法院起诉，则不再予以受理。

（4）诉讼：向有管辖权的人民法院起诉。

7. 最终结论。

六、施工索赔的计算

施工索赔分为工期索赔和费用索赔的两种计算形式。

1. 工期索赔的计算

工期索赔的计算方法有网络分析法（关键线路法）和比例分析法。

（1）网络分析法

通过分析干扰事件发生前后的网络计划，对比两种工期计算结果来计算索赔值。它是一种科学的、合理的分析方法，适用于各种事件的工期索赔。关键线路上工程活动持续时间的拖延，必然造成总工期的拖延，可提出工期索赔，而非关键线路上工程活动持续时间的拖延，如果不影响总工期，则不能提出工期索赔。网络分析法是比较科学的、合理的分析计算方法。见［案例 6-2］、［案例 6-3］

（2）比例分析法

在实际工程中，索赔事件常常仅影响某些单项工程、单位工程或分部分项工程的工期，要分析它们对总工期的影响，可以采用更为简单的比例分析方法，即以某个技术经济指标作为比较基础，计算出工期索赔值。此方法不适用业主变更工程施工次序，业主指令采取加速措施，业主指令删减工程量或部分工程等，特别是工程量增加所引起的工期索赔。具体计算方法如下：

①以合同价所占比例计算公式：

总工期索赔（T）＝（受干扰部分的工程合同价/整个工程合同总价）×该部分工程受干扰工期拖延量（或总工期索赔（T）＝（附加工程或新增工程量价格/原合同总价）×原合同总工期）

②按单项工程工期拖延的平均值计算公式：

工期索赔值＝（各项工作工期延长总和/各项工作个数）×不均匀性系数

【案例 7-1】

在某工程施工中，在基础土方开挖时，发现有一个洞穴，勘测报告中未注明，为此施工单位停工等待处理，为此造成该单项工程延期 10 周。该单项工程合同价为 100 万元，而整个工程合同总价为 600 万元。则承包商提出工期索赔为：

$$T=（100 万/600 万）×10 周=1.7 周$$

2. 费用索赔的计算

（1）费用索赔是整个合同索赔的重点和最终目标。工期索赔在很大程度上也是为了费用索赔。

费用索赔原则：①赔偿实际损失的原则；②费用索赔计算必须符合合同原则。③符合规定的或通用的会计核算原则及工程惯例。

费用索赔的种类：①工期拖延的费用索赔（包括人工费的损失（如现场工人的停工、窝工、低生产效率的损失）、材料费（如承包商订购的材料推迟交货，材料价格上涨）、机械费（台班费和租金）、工地管理费、由于物价上涨引起的费用调整索赔、总部管理费的索赔以及非关键线路活动拖延的费用索赔）。②工程变更的费用索赔（包括工程量变更、附加工程、工程质量的变化、工程变更超过限额的处理。）③加速施工的费用索赔（包括人工费、材料费、机械费、管理费）④其他情况的费用索赔。

（2）计算方法：

①总费用法是把固定总价合同转化为成本加酬金合同，以承包商的额外成本为基点加上管理费和利润等附加费作为索赔值利息支付（按实际时间和利率计算）索赔值。

②分项法是按每个（或每类）干扰事件，以及这事件所影响的各个费用项目分别计算索赔的方法。它比总费用法复杂，但比较合理、科学，应用较广。通常在实际工程中费用索赔计用分项法。

七、工程案例

【案例 7-2】

背景：

国外某承包工程，使用 FIDIC 合同条件，工作内容为修建一条公路和跨越公路的人行天桥。合同总价 400 万美元，合同工期 20 个月。工程施工中发生了以下情况：

1. 由于图纸出现错误，监理工程师通知一部分工程暂停，待图纸修改后继续施工（拖期 1.5 个月）；

2. 由于高压线需要电力部门同意迁移后才能施工，造成工程延误两个月；

3. 由于增加了额外工程，经监理批准工期顺延 1.5 个月。并且对该额外工程按工程量增加处理，即同意按同类型工程原来所报单价以新增工程量给予补偿。

承包商对此 3 项延误除要求展延工期外，还申请索赔延误造成的损失费用。（计算中所用管理费费率均为合同中事先约定的）。承包商经济索赔的计算为：

（1）图纸错误的延误，使 3 台设备停工损失 1.5 个月。

汽车吊：45 美元/台班×2 台班/日×37 工作日＝3330 美元

空压机：30 美元/台班×2 台班/日×37 工作日＝2220 美元

辅助设备：10 美元/台班×2 台班/日×37 工作日＝740 美元

小计：3330＋2220＋740＝6290（美元）

现场管理费（12％）：754.8 美元

公司管理费（7％）：440.3 美元

利润（5％）：314.5 美元

合计 6290＋754.8＋440.3＋314.5＝7799.6（美元）

（2）高压线迁移延误损失两个月的管理费和利润，因合同总价为 400 万美元，合同工期 20 个月，则每月管理费为：

$$4000000\div20\times12\%=24000\text{（美元/月）}$$

两个月损失现场管理费为 24000×2＝48000（美元）

另加公司管理费和利润损失 48000×12％＝5760（美元）

本项合计损失费用为 48000＋5760＝53760（美元）。

（3）新增工程使工期延长 1.5 个月，要求补偿现场管理费为：

$$24000\times1.5=36000\text{（美元）}$$

以上 3 项总计索赔损失 97559.6 美元

经过监理工程师的检查和核算，原则上同意 3 项索赔，但在计算上提出以下问题。

问题：

①对于索赔（1），承包商计算的因窝工而造成的机械费损失是否正确？为什么？若错误，如何计算？

②对于索赔（2），承包商计算的现场管理费索赔额是否正确？为什么？若错误，如何计算？

③对于索赔（3），监理是否该批准补偿全部 1.5 个月的现场管理费？为什么？若错误，如何计算？

答案：

①计算机械费索赔错误。因为该费用不能按台班费计算、应按折旧费率或租赁费计算。

②现场管理费计算错误。因为该费用不能用合同总价为基数乘以管理费率，而应用直接成本价为基数乘以管理费率计算。

③监理不该批准补偿全部 1.5 个月的现场管理费。因为监理已同意按单价乘以新增工程量作为对新增工程的补偿，而所用单价中已包含有现场管理费。批准的补偿时间应该首先比照合同中相同（或相似）工程报价时的工期，折算出新增工程的工期，再将其从 1.5 个月中减去。

【案例 7-3】

背景：

某工程项目的原施工网络进度计划（双代号）如图 7-1 所示，该工程总工期为 18 个月，在上述网络计划中，工作 *C*、*F*、*J* 三项工作均为土方工程，土方工程量分别为 $7000m^3$、$10000m^3$、$6000m^3$，共计 $23000m^3$，土方单价为 15 元/m^3。合同中规定，土方工程量增加超出原估算工程量的 25％时，新的土方单价可从原来的 15 元/m^3 减少到 12 元/m^3。在工程按计划进行 4 个月后（已完成 *A*、*B* 两项工作的施工），业主提出增加

一项新的土方工程 N。该项工作要求在 F 工作结束以后开始，并在 G 工作开始前完成，以保证 G 工作在 E 和 N 工作完成后开始施工。根据承包商提出并经监理工程师审查批复，该项 N 工作的土方工程量约为 $9000m^3$，施工时间需要 3 个月。

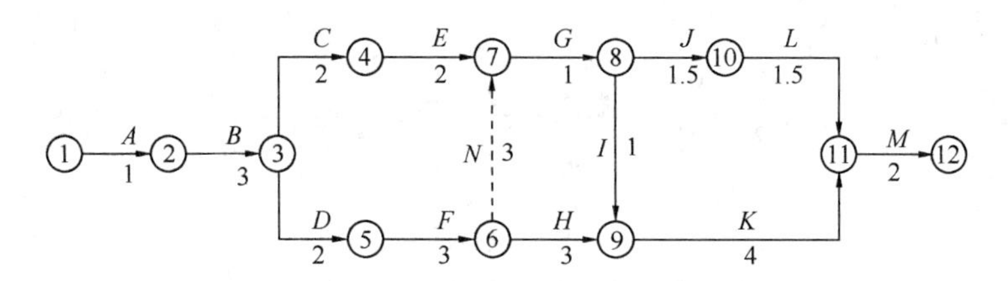

图 7-1 项目施工网络进度计划

根据施工计划安排，C、F、J 工作和新增加的土方工程 N 使用同一台挖土机先后施工，现承包方提出由于增加土方工程 N 后，使租用的挖土机增加了闲置时间，要求补偿挖土机的闲置费用（每台闲置 1 天为 800 元）和延长工期 3 个月。

问题：

(1) 增加一项新的土方工程 N 后，土方工程的总费用应为多少？

(2) 监理工程师是否应同意给予承包方施工机械闲置补偿？应补偿多少费用？

(3) 监理工程师是否应同意给予承包方工期延长？应延长多长时间？

答案：

(1) 由于在计划中增加了土方工程 N，土方工程总费用计算如下：

①增加 N 工作后，土方工程总量为：23000＋9000＝32000（m^3）。

②超出原估算土方工程量为：$\frac{32000-23000}{23000}\times100\%\approx39.13\%>25\%$土方单价应进行调整。

③超出 25%的土方量为：32000－23000×125%＝3250（m^3）。

④土方工程的总费用为：23000×125%×15＋3250×12＝47.03（万元）

(2) 施工机械闲置补偿费计算：

①不增加 N 工作的原计划机械闲置时间（图 7-2）。

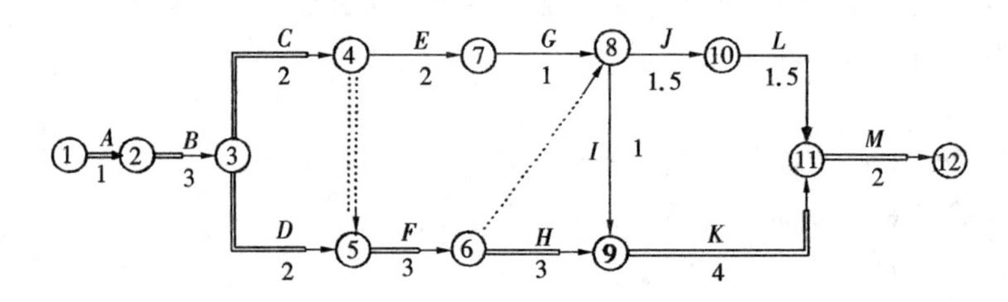

图 7-2 原计划机械闲置时间计算

在图 7-2 中，因 E、G 工作的时间为 3 个月，与 F 工作时间相等，所以安排挖土机按 $C\to F\to J$ 顺序施工可使机械不闲置。

②增加了土方工作 N 后机械的闲置时间（图 7-3）。

在图 7-3 中，安排挖土机按 $C\to F\to N\to J$ 顺序施工，由于 N 工作完成后到 J 工作的开始中间还需施工 G 工作，所以造成机械闲置 1 个月。

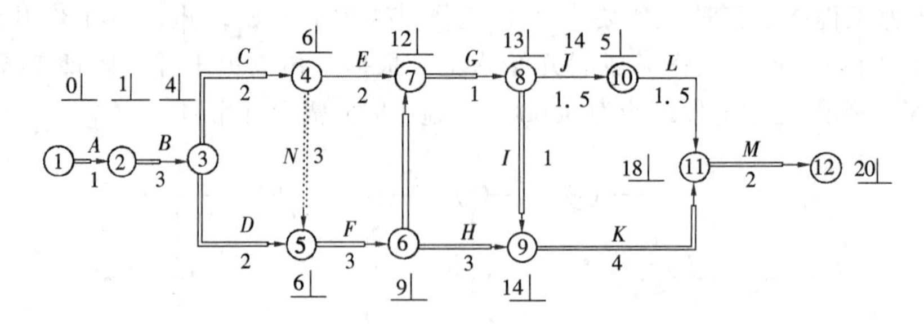

图 7-3 增加 N 后机械的闲置时间计算

③监理工程师应批准给予承包方施工机械闲置补偿费为：

30×800=2.4（万元）（不考虑机械调往其他处使用和退回租赁处）

（3）工期延长计算：

根据图 7-3 节点最早时间的计算，算出增加 N 工作后工期由原来的 18 个月延长到 20 个月，所以，监理工程师应同意给承包方延长工期 2 个月。

专 项 实 训

实训 1 某钢筋混凝土工程，施工进度计划如图 7-4 所示，混凝土柱浇筑后发现其 28 天强度等级达不到设计要求。

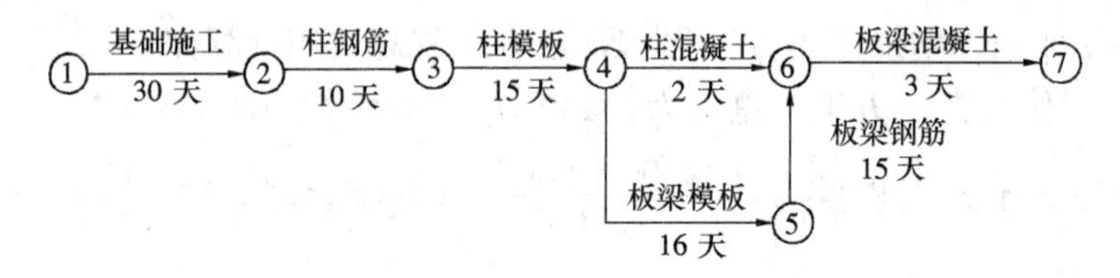

图 7-4 工程施工网络进度计划

其基本情况是：

（1）水泥进厂时有产品合格证；

（2）现场抽验复试有 3 天水泥强度和安定合格试验报告；

（3）浇筑后发现 28 天混凝土强度等级达不到设计要求，相差较大；

（4）经鉴定需立即拆除重新施工。

问题：

（1）如何确定对施工期的影响，延误工期最少有多少天？

（2）如何确定对工程的经济损失，包括哪些内容？

（3）如何向水泥厂进行经济索赔？

（4）监理工程师在处理索赔中应注意哪些事项？

实训 2 某建设项目业主与承包商签订了工程施工承包合同，根据合同及其附件的有关条文，对索赔内容，有如下规定：

（1）因窝工发生的人工费以 25 天/（工·日）计算，监理方提前一周通知承包方时不以窝工处理，以补偿费支付 4 元/（工·日）。

（2）机械设备台班费：

塔吊：300 元/（台·班）；混凝土搅拌机：70 元/（台·班）；砂浆搅拌机：30 元/

（台·班）。

因窝工而闲置时，只考虑折旧费，按台班费70%计算。

(3) 因临时停工一般不补偿管理费和利润。

在施工过程中发生了以下情况：

(1) 于6月8日至6月21日，施工到第七层时因业主提供的模板未到而使一台塔吊、一台混凝土搅拌机和35名支模工停工（业主已于5月30日通知承包方）。

(2) 于6月10日至6月21日，因公用网停电停水使进行第四层砌筑工作的一台砂浆搅拌机和30名砌筑工停工。

(3) 于6月20日至6月23日，因砂浆搅拌机故障而使在第二层抹灰的一台砂浆搅拌机和35名抹灰工停工。

问题：

承包商在有效期内提出索赔要求时，监理工程师认为合理的索赔金额应是多少？

小　结

施工合同管理，既包括各级工商行政管理机关、建设行政主管机关对施工合同进行宏观管理（第一层次），也包括建设单位（业主）、监理单位、承包单位对施工合同进行微观管理（第二层次）。合同管理贯穿招标投标、合同谈判与签约、工程实施、交工验收及保修阶段的全过程。

施工索赔是在施工过程中，承包商根据合同和法律的规定，对并非由于自己的过错所造成的损失，或承担了合同规定之外的工作所付的额外支出，承包商向业主提出在经济或时间上要求补偿或赔偿的权利。索赔有合同内索赔、合同外索赔、道义索赔。索赔的解决方法有：和解、调解、仲裁、诉讼。

复习思考题

1. 施工合同管理的概念及特点
2. 简述建筑工程合同管理工作程序？
3. 什么是不可抗力？不可抗力事件发生后应如何处理？
4. 施工合同争议的解决方式有哪些？
5. 建筑工程转包和分包的概念有什么不同？
6. 简述索赔的概念和原则。
7. 常见的施工索赔事件及产生原因有哪些？
8. 简述索赔的程序
9. 施工索赔资料有哪些？

第四篇

综　合　训　练

第八章　仿　真　实　训

【能力目标、知识目标】

学生通过完成一个从施工招标文件编制、投标文件编写到开标评标定标全过程的综合性仿真训练。使学生具有编制建筑工程施工招标文件能力；编制投标文件（技术标、经济标）能力；熟悉建筑工程施工招标投标及开标、评标、定标全过程；将建筑工程招标投标理论与实践有机地结合在一起，为学生从事招标投标相关工作奠定基础。

扩建工程的附属用房工程

一、工程概况

扩建工程的附属用房工程，建筑面积887m^2，共二层，钢筋混凝土框架结构，具体情况见施工图。本套图配有建筑施工图、结构施工图。

二、图纸（附图）

三、仿真训练任务书

（一）目的

随着我国建筑业和基本建设管理体制改革的不断深化，建筑工程市场的不断完善，形成了由招投标为主要交易形式的市场竞争机制，促进了资源优化配置，提高了建筑生产效率，推动了建筑企业的管理和工程质量的进步。面对建筑市场的发展，建筑施工专业高职学生，如何以能力为本位，取信于社会，适应建筑企业对招投标专业人员的需求。我们通过实际工程招标投标文件的编写及该工程项目开标、评标、定标的观场模拟会形式，形成以《工程招投标和合同管理》课程为龙头，将《施工组织》、《工程概预算》及《施工技术》课程组成一个教学模块，将学生所学零散的基础及专业知识整合成系统性、连贯性的知识，开阔了学生的思路，培养了学生理论联系实际独立完成一个实际工程的招标投标文件编写的能力。学生具备编制投标标价的能力；具备完成中小型工程施工方案的能力；具备进行施工部署和绘制施工进度网络图的能力；既锻炼计算机绘图的能力；又锻炼了写作能力；语言表达能力；团结协作能力；建筑工程施工招投标的开标、评标、定标过程的实际操作能力。总之，为学生毕业后从事建设单位的基建工作，建委的招标办工作，施工企业的投标合同工作奠定基础。

（二）任务

扩建工程的附属用房工程仿真训练的任务是完成以下三项工作内容：

1. 招标文件的编制；

2. 投标文件的编制（技术标、经济标、附件）；

3. 待以上两个文件编写完后，招标文件编写、依据招标文件的要求完成投标文件的编写（包括技术标、经济标、附件），最后进行该工程开标、评标、定标、签订施工合同全过程的现场模拟会，完成该课程的学习任务。

（三）基本资料

1. 扩建工程的附属用房工程全套土建施工图；

2. 水暖部分的工程造价为 23 万元；

3. 电气部分的工程造价为 27 万元。

（四）内容要求

1. 招标文件编写的内容，应依据中华人民共和国《标准施工招标文件》规定和案例工程实际情况进行招标文件的编写；

2. 投标文件按照指导书中的内容要求进行编写；

3. 开标、评标、定标的观场模拟会按照指导书进行。

（五）时间安排及其他要求：

1. 时间安排

实训可根据实际情况采用以下两个方案

方案一：学生综合集中实训

《建筑施工》、《建筑工程概预算》、《施工组织》、《工程招投标与合同管理》课程教学内容完成后，集中 2～3 周进行综合训练。

方案二：根据教学进度，学生可分阶段完成扩建工程的附属用房工程建筑工程施工招标文件编制，投标文件编制，待全部课程教学内容完成后，最后进行开标、评标、定标现场模拟会。

具体安排如下：

（1）要求 15 天内完成该工程招标文件的编写。在招标文件编制教学内容完成后，可立即进行该工程的招标文件的编写。

（2）结合《建筑施工》、《建筑工程概预算》、《施工组织》课程的教学进程，一个月内完成投标文件的编写。待投标文件编写所设计的教学内容基本完成后，学生即可进行投标文件的编写。

（3）招标文件和投标文件编制完后，相关课程教学内容也基本完成的情况下，进行扩建工程的附属用房开标、评标、中标现场模拟会。

2. 其他要求

招标文件、投标文件的编写的具体安排如下：

（1）各班可分 6 组（每组约 5 人），每组一套完整的土建图纸，编写出一份完整的招标文件。

（2）然后每个组选择一个建筑施工企业（学生可结合本地实际的一个建筑企业）名称，并以此建筑施工企业的名称，完成投标文件编制；开标、评标、中标现场模拟会的全部过程。

（六）组织形式：

学生以小组形式完成三阶段训练任务。

第一阶段：每个组先以建设单位（或咨询单位），编写出一份完整的招标文件。在此

基础上

第二阶段：每个组可结合社会上的建筑企业或选择教师给定企业名称进行投标文件编制。

第三阶段：投标文件编制完成后，进行该工程的开标、评标、定标的观场模拟会实战训练。投标单位名称如下（仅供参考）：

第一组：东风建筑公司　　（集体一级）

第二组：天化建筑有限公司　　（有限责任一级）

第三组：胜利建筑公司　　（全民一级）

第四组：五洲建筑公司　　（集体二级）

第五组：四海建筑公司　　（全民一级）

第六组：黄河建筑公司　　（集体一级）

四、编制扩建工程的附属用房工程投标文件指导书

（一）招标、投标文件内容涉及相关课程和指导安排

1. 招标文件中相关课程和人员：《工程招投标与合同管理》课程任课教师指导学生完成招标文件编制。

2. 投标文件中相关课程和指导教师

(1)《施工组织》课程任课老师

(2)《建筑施工》课程任课老师

(3)《工程概预算》课程任课老师

(4)《工程招投标与合同管理》课程任课老师

3. 开标、评标、定标指导教师

(1)《施工组织》课程任课老师

(2)《建筑施工》课程任课老师

(3)《工程概预算》课程任课老师

(4)《工程招投标与合同管理》课程任课老师

（二）投标文件的具体内容

(1) 经济标文件

①投标书

②投标书附录，

③投标保证金

④法定代表人资格证明书。

⑤授权委托书。

⑥具有标价的工程量清单与报价表（投标报价）

⑦施工图预算价计算书。(略)

⑧投标报价

⑨承包价编制说明（含让利条件说明）(略)：

(2) 技术标文件：

附件：①ISO 9002 质量管理体系认证证书

②环境管理体系认证证书

③职业健康安全管理体系认证证书

④法人代表资格证明书

⑤授权委托书

⑥投标保证金收据

第一章　企业基本状况

（一）企业简介

（二）企业近几年经营状况

（三）企业职工组成构成

（四）主要机械

（五）近几年主要获奖工程一览表

1. 主要机具设备需用表

2. 主要材料需用表

3. 设备料需用表

4. 主要劳动力用量计划表

第二章　承建扩建工程的附属用房工程优势

（一）质量优势

附：近几年获奖工程一览表

近几年获荣誉情况一览表

（二）速度优势

（三）资金优势

（四）技术装备优势

（五）重合同、守信用、履行服务的优势

（六）企业综合活力优势

第三章　承建扩建工程的附属用房工程的决心和承诺

第四章　工程项目组织机构

附：主要人员职称证、项目经理证

第五章　施工组织设计

（一）工程概况

（二）施工准备及总体施工部署

（三）施工计划方案及设备资源配置

（四）施工进度保证措施（附：施工总进度计划表）

（五）主要分部分项工程的施工方法

1. 土方工程

2. 基础结构施工

3. 主体砌筑工程

4. 钢筋混凝土工程（楼板、楼梯、构造柱）

(1) 钢筋工程

(2) 模板工程

(3) 混凝土工程

5. 装修工程

6. 地面（楼面）工程

7. 屋面工程

8. 垂直运输和架设工程

9. 电气施工工序及施工方法

10. 暖工施工程序和施工方法

（六）施工平面布置图

（七）新技术的推广和应用

第六章　质量目标、质量保证体系及技术措施

（一）质量目标

（二）质量管理组织机构及主要职责

（三）质量管理措施

（四）质量管理及控制的标准

（五）质量保证技术措施

（六）质量薄弱环节的预防和施工

第七章　安全目标、安全保证体系及技术措施

（一）安全管理目标

（二）安全管理及办法

（三）安全组织技术措施

（四）特殊施工工序的安全控制过程

第八章　文明施工、降低环境污染和噪声的措施

五、扩建工程的附属用房工程开标、评标、定标观场模拟会指导书

（一）开标评定具备条件

1. 按招标文件规定截止时间，各组已将投标书交到指定地点

2. 成立评标委员会。即由工程专业教师及学生（5人以上）组成。

3. 由专业主任依法实施监督。

（二）开标、评标程序

1. 开标

(1) 开标有任课教师担任，邀请投标单位（每组）的法定代表人或其他代理人和评标委会同学旁听。参加会议的评委会成员、投标单位、招标单位人员签到（会议签到单表8-1及授权委托书表8-3)

(2) 由主持人宣布开标会议开始，并介绍人员及项目情况。(招标单位作好会议记录表8-2)

①人员情况介绍

东风建筑公司、胜利建筑公司、五洲建筑公司、四海建筑公司，四家投标单位人员，业主人员，招标办人员。

②工程项目情况：该工程建筑面积887m^2，钢筋混凝土框架结构，市优标准，竣工日期：××年××月××日。

会议签到单 **表 8-1**

会议时间：

会议地点：

会议主题：

姓　名	单　　位	职　务	联系电话	传　　真

（3）请投标单位代表确认文件的密封性。

（4）宣布公正、唱标、记录人员名单和招标文件规定的评标原则，定标办法。

（5）宣读投标单位的名称，投标报价、工期、质量目标、主要材料用量、投标担保或保函及投标文件的修改，并做当场记录（表 8-4）。

会　议　纪　要 **表 8-2**

时间：

地点：

主题：

参加者：　　　　　　　　　　（单位及人员）

记录：

主要内容

序　　号	内　　容	执　行　者

报送：

抄送：

授 权 委 托 书 **表 8-3**

编号＿＿＿＿＿

本人作为＿＿＿＿＿（公司名称）法定代表人，在此授权我公司＿＿＿＿＿女士/先生作为我公司正式合法的代理人，以我公司名义并代表我公司全权处理扩建工程附属用房建筑安装工程投标的以下事宜：

＿＿＿＿＿＿＿＿＿＿＿＿＿＿＿＿＿＿＿＿＿＿＿＿＿＿＿＿＿＿

＿＿＿＿＿＿＿＿＿＿＿＿＿＿＿＿＿＿＿＿＿＿＿＿＿＿＿＿＿＿

＿＿＿＿＿＿＿＿＿＿＿＿＿＿＿＿＿＿＿＿＿＿＿＿＿＿＿＿＿＿

＿＿＿＿＿＿＿＿＿＿＿＿＿＿＿＿＿＿＿＿＿＿＿＿＿＿＿＿＿＿

＿＿＿＿＿＿＿＿＿＿＿＿＿＿＿＿＿＿＿＿＿＿＿＿＿＿＿＿＿＿

本授权书期限自＿＿＿＿＿起至＿＿＿＿＿止。

在此授权范围和期限内，被授权人所实施的行为具有法律效力，授权人予以认可。

（公司名称及盖章）

法定代表人签字：

投标报价、工期、质量目标记录表 **表 8-4**

投标单位	建筑面积	报价总金额（元）	总工期（天）	三材用量			质量	备注
				钢材（t）	水泥（t）	木材（m^3）		
东风公司								
天化建筑有限公司								
胜利公司								
五洲公司								
四海建筑公司								
黄河建筑公司								

（6）与会的投标单位法定代表人或其他代理人在记录上签字，确认开标结果。

（7）宣布开标会议结束，进入评标阶段。

2. 评标

（1）评标单位根据招标文件规定采取定量评标办法。具体方法参见第五章。

①技术标评分表（表 5-1）

②施工组织设计评分表（表 5-3）

③企业信誉、综合实力评分表（表 5-4）

④投标标价评分表（表 5-5）

⑤得分计算及权值取值表（表 8-6）

⑥评分记录表（表 8-7）

⑦评标结果汇总表（表 8-8）

各单位报价记录 表 8-5

投标单位	建筑面积	报价总金额（元）	总工期（天）	三材用量			质量	备注
				钢材（t）	水泥（t）	木材（m^3）		
东风公司								
天化建筑有限公司								
胜利公司								
五洲公司								
四海建筑公司								
黄河建筑公司								

得分计算及权值取定表 表 8-6

序号	项目	评分标准	取值	备注
1	$K1$	对投标文件响应程度	0.05	得分：$I=A1\times K1+A2\times K2+A3\times K3+A4\times K4$； 取值代码 $K1+K2+K3+K4=1$ 分值代码：$A1-A4$
2	$K2$	施工组织设计	0.3	
3	$K3$	企业信誉及综合实力	0.05	
4	$K4$	投标标价	0.6	

评分记录表 表 8-7

工程名称： 日期： 年 月 日

序号	评分项目	投标人部分评分分项项目	投标单位					
1	对招标文件响应程度 $A1$	质量标准						
		投标工期						
		综合响应程度						
		小计：$A1$=上述三项分值之和						
		加权得分$=A1\times K1$（$K1=0.05$）						
2	施工组织设计 $A2$	施工组织设计						
		小计：$A2$						
		加权得分$=A2\times K2$（$K2=0.30$）						
3	企业信誉及综合实力 $A3$	企业信誉、综合实力及项目经理						
		小计：$A3$						
		加权得分$=A3\times K3$（$K3=0.05$）						
4	投标报价 $A4$	投标报价得分						
		小计：$A4$						
		加权得分$=A4\times K4$（$K4=0.60$）						
5	得分合计	$I=A1\times K1+A2\times K2+A3\times K3+A4\times K4$						
6	排名							

评标人签字：

注：此表由评标委员会每位成员单独完成。

评标结果汇总表 **表 8-8**

工程名称： 日期： 年 月 日

评委序号和姓名	投标人名称及其加权得分						
1							
2							
3							
4							
5							
6							
7							
评标加权得分合计							
评标加权得分平均值							
投标人最终排名次序							

全体评委签字：

（2）根据投标单位的评标结果顺序，提出中标单位。

3. 定标

将评标结果报北京市建设工程招标办审核后，向中标单位发中标通知书。

中 标 通 知 书

___________（建设单位）___________（建设地点）___________工程，结构类型为___________，建设规模为___________，_______年____月____日公开开标后，经评标小组评定并报招标管理机构核准，确定___________为中标单位。中标标价人民币___________元，中标工期自_______年_____月_____日开工，_______年_____月_____日竣工，工期___________天（日历日）。工程质量达到国家施工验收规范优良标准。

中标单位收到中标通知书后，在_______年_____月_____日前到___________（地点）与建设单位签订合同。

建设单位：（盖章）

法定代表人：（签字 盖章）

招标单位：（盖章）

日期：_______年_____月_____日

法定代表人：（签字 盖章）

日期：_______年_____月_____日

审核人：（签字 盖章）

审核日期：_______年_____月_____日

（三）签订建筑工程施工合同

按照《建设工程施工合同》示范文本条款的规定进行施工合同的签订工作。

附件一

建设工程施工合同（示范文本）

第一部分　协议书

发包方（全称）：________________________________

承包方（全称）：________________________________

依照《中华人民共和国合同法》、《中华人民共和国建筑法》及其他有关法律、行政法规、遵循平等、自愿、公平和诚实信用的原则，双方就本建设工程施工项协商一致，订立本合同。

一、工程概况

工程名称：________________________________

工程地点：________________________________

工程内容：________________________________

群体工程应附承包方承揽工程项目一览表（附件 1）工程立项批准文号：__________

____

资金来源：________________________________

二、工程承包范围

承包范围：________________________________

三、合同工期：

开工日期：________________________________

竣工日期：________________________________

合同工期总日历天数____________________天

四、质量标准

工程质量标准：________________________________

五、合同价款

金额（大写）：____________________元（人民币）

¥：____________________元

六、组成合同的文件

组成本合同的文件包括：

1. 本合同协议书
2. 中标通知书
3. 投标书及其附件
4. 本合同专用条款
5. 本合同通用条款
6. 标准、规范及有关技术文件
7. 图纸
8. 工程量清单

9. 工程报价单或预算书

双方有关工程的洽商、变更等书面协议或文件视为本合同的组成部分。

七、本协议书中有关词语含义本合同第二部分《通用条款》中分别赋予它们的定义相同。

八、承包方向发包方承诺按照合同约定进行施工、竣工并在质量保修期内承担工程质量保修责任。

九、发包方向承包方承诺按照合同约定的期限和方式支付合同价款及其他应当支付的款项。

十、合同生效

合同订立时间：____________年____________月____________日

合同订立地点：____

本合同双方约定____后生效。

发包方：（公章）____________承包方：（公章）____________

住所：____________________住所：______________________

法定代表人：______________法定代表人：________________

委托代表人：______________委托代表人：________________

电话：____________________电话：______________________

传真：____________________传真：______________________

开户银行：________________开户银行：__________________

账号：____________________账号：______________________

邮政编码：________________邮政编码：__________________

第二部分　通用条款

一、词语定义及合同文件

1. 词语定义

下列词语除专用条款另有约定外，应具有本条所赋予的定义：

1.1　通用条款：是根据法律、行政法规规定及建设工程施工的需要订立，通用于建设工程施工的条款。

1.2　专用条款：是发包方与承包方根据法律、行政法规规定，结合具体工程实际，经协商达成一致意见的条款，是对通用条款的具体化、补充或修改。

1.3　发包方：指在协议书中约定，具有工程发包主体资格和支付工程价款能力的当事人以及取得该当事人资格的合法继承人。

1.4　承包方：指在协议书中约定，被发包方接受的具有工程施工承包主体资格的当事人以及取得该当事人资格的合法继承人。

1.5　项目经理：指承包方在专用条款中指定的负责施工管理和合同履行的代表。

1.6　设计单位：指发包方委托的负责本工程设计并取得相应工程设计资质等级证书的单位。

1.7　监理单位：指发包方委托的负责本工程监理并取得相应工程监理资质等级证书的单位。

1.8　工程师：指本工程监理单位委派的总监理工程师或发包方指定的履行本合同的代表，其具体身份和职权由发包方承包方在专用条款中约定。

1.9　工程造价管理部门：指国务院有关部门、县级以上人民政府建设行政主管部门或其委托的工程造价管理机构。

1.10　工程：指发包方承包方在协议书中约定的承包范围内的工程。

1.11　合同价款：指发包方承包方在协议书中约定，发包方用以支付承包方按照合同约定完成承包范围内全部工程并承担质量保修责任的款项。

1.12　追加合同价款：指在合同履行中发生需要增加合同价款的情况，经发包方确认后按计算合同价款的方法增加的合同价款。

1.13　费用：指不包含在合同价款之内的应当由发包方或承包方承担的经济支出。

1.14　工期：指发包方承包方在协议书中约定，按总日历天数（包括法定节假日）计算的承包天数。

1.15　开工日期：指发包方承包方在协议书中约定，承包方开始施工的绝对或相对的日期。

1.16　竣工日期：指发包方承包方在协议书约定，承包方完成承包范围内工程的绝对或相对的日期。

1.17　图纸：指由发包方提供或由承包方提供并经发包方批准，满足承包方施工需要的所有图纸（包括配套说明和有关资料）。

1.18　施工场地：指由发包方提供的用于工程施工的场所以及发包方在图纸中具体指定的供施工使用的任何其他场所。

1.19　书面形式：指合同书、信件和数据电文（包括电报、电传、传真、电子数据交换和电子邮件）等可以有形地表现所载内容的形式。

1.20　违约责任：指合同一方不履行合同义务或履行合同义务不符合约定所应承担的责任。

1.21　索赔：指在合同履行过程中，对于并非自己的过错，而是应由对方承担责任的情况造成的实际损失，向对方提出经济补偿和（或）工期顺延的要求。

1.22　不可抗力：指不能预见、不能避免并不能克服的客观情况。

1.23　小时或天：本合同中规定按小时计算时间的，从事件有效开始时计算（不扣除休息时间）；规定按天计算时间的，开始当天不计入，从次日开始计算。时限的最后一天是休息日或者其他法定节假日的，以节假日次日为时限的最后一天，但竣工日期除外。时限的最后一天的截止时间为当日24时。

2. 合同文件及解释顺序

2.1　合同文件应能相互解释，互为说明。除专用条款另有约定外，组成本合同的文件及优先解释顺序如下：

（1）本合同协议书

（2）中标通知书

（3）投标书及其附件

（4）本合同专用条款

（5）本合同通用条款

（6）标准、规范及有关技术文件

（7）图纸

(8) 工程量清单

(9) 工程报价单或预算书

合同履行中，发包方承包方有关工程的洽商、变更等书面协议或文件视为本合同的组成部分。

2.2 当合同文件内容含糊不清或不相一致时，在不影响工程正常进行的情况下，由发包方承包方协商解决。双方也可以提请负责监理的工程师作出解释。双方协商不成或不同意负责监理的工程师作出解释。双方协商不成或不同意负责监理的工程师的解释时，按本通用条款第 37 条关于争议的约定处理。

3. 语言文字和适用法律、标准及规范

3.1 语言文字

本合同文件使用汉语语言文字书写、解释和说明。如专用条款约定使用两种以上（含两种）语言文字时，汉语应为解释和说明本合同的标准语言文字。

在少数民族地区，双方可以约定使用少数民族语言文字书写和解释、说明本合同。

3.2 适用法律和法规

本合同文件适用国家的法律和行政法规。需要明示的法律、行政法规，由双方在专用条款中约定。

3.3 适用标准、规范

双方在专用条款内约定适用国家标准、规范的名称；没有国家标准、规范但有行业标准、规范的，约定适用行业标准、规范的名称；没有国家和行业标准、规范的，约定适用工程所在地地方标准、规范的名称。发包方应按专用条款约定的时间向承包方提供一式两份约定的标准、规范。

国内没有相应标准、规范的，由发包方按专用条款约定的时间向承包方提出施工技术要求，承包方按约定的时间和要求提出施工工艺，经发包方认可后执行。发包方要求使用国外标准、规范的，应负责提供中文译本。

本条所发生的购买、翻译标准、规范或制定施工工艺的费用，由发包方承担。

4. 图纸

4.1 发包方应按专用条款约定的日期和套数，向承包方提供图纸。承包方需要增加图纸套数的，发包方应代为复制，复制费用由承包方承担。发包方对工程有保密要求的，应在专用条款中提出保密要求，保密措施费用由发包方承担，承包方在约定保密期限内履行保密义务。

4.2 承包方未经发包方同意，不得将本工程图纸转给第三人。工程质量保修期满后，除承包方存档需要的图纸外，应将全部图纸退还给发包方。

4.3 承包方应在施工现场保留一套完整图纸，供工程师及有关人员进行工程检查时使用。

二、双方一般权利和义务

5. 工程师

5.1 实行工程监理的，发包方应在实施监理前将委托的监理单位名称、监理内容及监理权限以书面形式通知承包方。

5.2 监理单位委派的总监理工程师在本合同中称工程师，其姓名、职务、职权由发包方承包方在专用条款内写明。工程师按合同约定行使职权，发包方在专用条款内要求工程师在行使某些职权前需要征得发包方批准的，工程师应征得发包方批准。

5.3　发包方派驻施工场地履行合同的代表在本合同中也称工程师，其姓名、职务、职权由发包方在专用条款内写明，但职权不得与监理单位委派的总监理工程师职权相互交叉。双方职权发生交叉或不明确时，由发包方予以明确，并以书面形式通知承包方。

5.4　合同履行中，发生影响发包方承包方双方权利或义务的事件时，负责监理的工程师应依据合同在其职权范围内客观公正地进行处理。一方对工程师的处理有异议时，按本通用条款第 37 条关于争议的约定处理。

5.5　除合同内有明确约定或经发包方同意外，负责监理的工程师无权解除本合同约定的承包方的任何权利与义务。

5.6　不实行工程监理的，本合同中工程师专指发包方派驻施工场地履行合同的代表，其具体职权由发包方在专用条款内写明。

6. 工程师的委派和指令

6.1　工程师可委派工程师代表，行使合同约定的自己的职权，并可在认为必要时撤回委派。委派和撤回均应提前 7 天以书面形式通知承包方，负责监理的工程师还应将委派和撤回通知发包方。委派书和撤回通知作为本合同附件。

工程师代表在工程师授权范围内向承包方发出的任何书面形式的函件，与工程师发出的函件具有同等效力。承包方对工程师代表向其发出的任何书面形式的函件有疑问时，可将此函件提交工程师，工程师应进行确认。工程师代表发出指令有失误时，工程师应进行纠正。

除工程师或工程师代表外，发包方派驻工地的其他人员均无权向承包方发出任何指令。

6.2　工程师的指令、通知由其本人签字后，以书面形式交给项目经理，项目经理在回执上签署姓名和收到时间后生效。确有必要时，工程师可发出口头指令，并在 48 小时内给予书面确认，承包方对工程师的指令应予执行。工程师不能及时给予书面确认的，承包方应于工程师发出口头指令后 7 天内提出书面确认要求。工程师在承包方提出确认要求后 48 小时内不予答复的，视为口头指令已被确认。

承包方认为工程师指令不合理，应在收到指令后 24 小时内向工程师提出修改指令的书面报告，工程师在收到承包方报告后 24 小时内作出修改指令或继续执行原指令的决定，并以书面形式通知承包方。紧急情况下，工程师要求承包方立即执行的指令或承包方虽有异议，但工程师决定仍继续执行的指令，承包方应予执行。因指令错误发生的追加合同价款和给承包方造成的损失由发包方承担，延误的工期相应顺延。

本款规定同样适用于由工程师代表发出的指令、通知。

6.3　工程师应按合同约定，及时向承包方提供所需指令、批准并履行约定的其他义务。由于工程师未能按合同约定履行义务造成工期延误，发包方应承担延误造成的追加合同价款，并赔偿承包方有关损失，顺延延误的工期。

6.4　如需更换工程师，发包方应至少提前 7 天以书面形式通知承包方，后任继续行使合同文件约定的前任的职权，履行前任的义务。

7. 项目经理

7.1 项目经理的姓名、职务在专用条款内写明。

7.2 承包方依据合同发出的通知，以书面形式由项目经理签字后送交工程师，工程师在回执上签署姓名和收到时间后生效。

7.3 项目经理按发包方认可的施工组织设计（施工方案）和工程师依据合同发出的指令组织施工。在情况紧急且无法与工程师联系时，项目经理应当采取保证人员生命和工程、财产安全的紧急措施，并在采取措施后48小时内向工程师关交报告。责任在发包方或第三人，由发包方承担由此发生的追加合同价款，相应顺延工期；责任在承包方，由承包方承担费用，不顺延工期。

7.4 承包方如需要更换项目经理，应至少提前7天以书面形式通知发包方，并征得发包方同意。后任继续行使合同文件约定的前任的职权，履行前任的义务。

7.5 发包方可以与承包方协商，建议更换其认为不称职的项目经理。

8. 发包方工作

8.1 发包方按专用条款约定的内容和时间完成以下工作：

(1) 办理土地征用、拆迁补偿、平整施工场地等工作，使施工场地具备施工条件，在开工后继续负责解决以上事项遗留问题；

(2) 将施工所需水、电、电讯线路从施工场地外部接至专用条款约定地点，保证施工期间的需要；

(3) 开通施工场地与城乡公共道路的通道，以及专用条款约定的施工场地内的主要道路，满足施工运输的需要，保证施工期间的畅通；

(4) 向承包方提供施工场地的工程地质和地下管线资料，对资料的真实准确性负责；

(5) 办理施工许可证及其他施工所需证件、批件和临时用地、停水、停电、中断道路交通、爆破作业等的申请批准手续（证明承包方自身资质的证件除外）；

(6) 确定水准点与坐标控制点，以书面形式交给承包方，进行现场交验；

(7) 组织承包方和设计单位进行图纸会审和设计交底；

(8) 协调处理施工场地周围地下管线和邻近建筑物、构筑物（包括文物保护建筑）、古树名木的保护工作、承担有关费用；

(9) 发包方应做的其他工作，双方在专用条款内约定。

8.2 发包方可以将8.1款部分工作委托承包方办理，双方在专用条款内约定，其费用由发包方承担。8.3发包方未能履行8.1款各项义务，导致工期延误或给承包方造成损失的，发包方赔偿承包方有关损失，顺延延误的工期。

9. 承包方工作

9.1 承包方按专用条款约定的内容和时间完成以下工作：

(1) 根据发包方委托，在其设计资质等级和业务允许的范围内，完成施工图设计或与工程配套的设计，经工程师确认后使用，发包方承担由此发生的费用；

(2) 向工程师提供年、季、月度工程进度计划及相应进度统计报表；

(3) 根据工程需要，提供和维修非夜间施工使用的照明、围栏设施，产负责安全保卫；

(4) 按专用条款约定的数量和要求，向发包方提供施工场地办公和生活的房屋及设施，发包方承担由此发生的费用；

（5）遵守政府有关主管部门对施工场地交通、施工噪音以及环境保护和安全生产等的管理规定，按规定办理有关手续，并以书面形式通知发包方，发包方承担由此发生的费用，因承包方责任造成的罚款除外；

（6）已竣工工程未交付发包方之前，承包方按专用条款约定负责已完工程的保护工作，保护期间发生损坏，承包方自费予以修复；发包方要求承包方采取特殊措施保护的工程部位和相应的追加合同价款，双方在专用条款内约定；

（7）按专用条款约定做好施工场地地下管线和邻近建筑物、构筑物（包括文物保护建筑）、古树名木的保护工作；

（8）保证施工场地清洁符合环境卫生管理的有关规定，交工前清理现场达到专用条款约定的要求，承担因自身原因违反有关规定造成的损失和罚款；

（9）承包方应做的其他工作，双方在专用条款内约定。

9.2　承包方未能履行9.1款各项义务，造成发包方损失的，承包方赔偿发包方有关损失。

三、施工组织设计和工期

10. 进度计划

10.1　承包方应按专用条款约定的日期，将施工组织设计和工程进度计划提交修改意见，逾期不确认也不提出书面意见的，视为同意。

10.2　群体工程中单位工程分期进行施工的，承包方应按照发包方提供图纸及有关资料的时间，按单位工程编制进度计划，其具体内容双方在专用条款中约定。

10.3　承包方必须按工程师确认的进度计划组织施工，接受工程师对进度的检查、监督。工程实际进度与经确认的进度计划不符时，承包方应按工程师的要求提出改进措施，经工程师确认后执行。因承包方的原因导致实际进度与进度计划不符，承包方无权就改进措施提出追加合同价款。

11. 开工及延期开工

11.1　承包人应当按照协议书约定的开工日期开工。承包人不能按时开工，应当不迟于协议书约定的开工日期前7天，以书面形式向工程师提出延期开工的理由和要求。工程师应当在接到延期开工申请后的48小时内以书面形式答复承包人。工程师在接到延期开工申请后48小时内不答复，视为同意承包人要求，工期相应顺延。工程师不同意延期要求或承包人未在规定时间内提出延期开工要求，工期不予顺延。

11.2　因发包方原因不能按照协议书约定的开工日期开工，工程师应以书面形式通知承包方，推迟开工日期。发包方赔偿承包方因延期开工造成的损失，并相应顺延工期。

12. 暂停施工

工程师认为确有必要暂停施工时，应当以书面形式要求承包方暂停施工，并在提出要求后48小时内提出书面处理意见。承包方应当按工程师要求停止施工，并妥善保护已完工程。承包方实施工程师作出的处理意见后，可以书面形式提出复工要求，工程师作出的处理意见后，可以书面形式提出复工要求，工程师应当在48小时内给予答复。工程师未能在规定时间内提出处理意见，或收到承包方复工要求后48小时内未予答复，承包方可自行复工。因发包方原因造成停工的，由发包方承担所发生的追加合同价款，赔偿承包方由此造成的损失，相应顺延工期；因承包方原因造成停工的，由承包方承担发生的费用，工期不予顺延。

13. 工期延误

13.1　因以下原因造成工期延误，经工程师确认，工期相应顺延：

（1）发包方未能按专用条款的约定提供图纸及开工条件；

（2）发包方未能按约定日期支付工程预付款、进度款，致使施工不能正常进行；

（3）工程师未按合同约定提供所需指令、批准等，致使施工不能正常进行；

（4）设计变更和工程量增加；

（5）一周内非承包方原因停水、停电、停气造成停工累计超过 8 小时；

（6）不可抗力；

（7）专用条款中约定或工程师同意工期顺延的其他情况。

13.2　承包方在 13.1 款情况发生后 14 天内，就延误的工期以书面形式向工程师提出报告。工程师在收到报告后 14 天内予以确认，逾期不予确认也不提出修改意见，视为同意顺延工期。

14. 工程竣工

14.1　承包方必须按照协议书约定的竣工日期或工程师同意顺延的工期竣工。

14.2　因承包方原因不能按照协议书约定的竣工日期或工程师同意顺延的工期竣工的，承包方承担违约责任。

14.3　施工中发包方如需提前竣工，双方协商一致后应签订提前竣工协议，作为合同文件组成部分。提前竣工协议应包括承包方为保证工程质量和安全采取的措施、发包方为提前竣工提供的条件以及提前竣工所需的追加合同价款等内容。

四、质量与检验

15. 工程质量

15.1　工程质量应当达到协议书约定的质量标准，质量标准的评定以国家或行业的质量检验评定标准为依据。因承包方原因工程质量达不到约定的质量标准，承包方承担违约责任。

15.2　双方对工程质量有争议，由双方同意的工程质量检测机构鉴定，所需费用及因此造成的损失，由责任方承担。双方均有责任，由双方根据其责任分别承担。

16. 检查和返工

16.1　承包方应认真按照标准、规范和设计图纸要求以及工程师依据合同发出的指令施工，随时接受工程师的检查检验，为检查检验提供便利条件。

16.2　工程质量达不到约定标准的部分，工程师的要求拆除和重新施工，直到符合约定标准。因承包方原因达不到约定标准，由承包方承担拆除和重新施工的费用，工期不予顺延。

16.3　工程师的检查检验不应影响施工正常进行。如影响施工正常进行，检查检验不合格时，影响正常施工的费用由承包方承担。除此之外影响正常施工的追加合同价款由发包方承担，相应顺延工期。

16.4　因工程师指令失误或其他非承包方原因发生的追加合同价款，由发包方承担。

17. 隐蔽工程和中间验收

17.1　工程具备隐蔽条件或达到专用条款约定的中间验收部位，承包方进行自检，并在隐蔽或中间验收前 48 小时以书面形式通知工程师验收。通知包括隐蔽和中间验收的内容、验收时间和地点。承包方准备验收记录，验收合格，工程师在验收记录上签字后，承包方可进行隐蔽和继续施工。验收不合格，承包方在工程师限定的时间内修改后重新验收。

17.2　工程师不能按时进行验收，应在验收前 24 小时以书面形式向承包方提出延期要求，延期不能超过 48 小时。工程师未能按以上时间提出延期要求，不进行验收，承包方可自行组织验收，工程师应承认验收记录。

17.3　经工程师验收，工程质量符合标准、规范和设计图纸等要求，验收 24 小时后，工程师不在验收记录上签字，视为工程师已经认可验收记录，承包方可进行隐蔽或继续施工。

18. 重新检验

无论工程师是否进行验收，当其要求对已经隐蔽的工程重新检验时，承包方应按要求进行剥离或开孔，并在检验后重新覆盖或修复。检验合格，发包方承担由此发生的全部追加合同价款，赔偿承包方损失，并相应顺延工期。检验不合格，承包方承担发生的全部费用，工期不予顺延。

19. 工程试车

19.1　双方约定需要试车的，试车内容应与承包方承包的安装范围相一致。

19.2　设备安装工程具备单机无负荷试车条件，承包方组织试车，并在试车前 48 小时以书面形式通知工程师。通知包括试车内容、时间、地点。承包方准备试车记录，发包方根据承包方要求为试车提供必要条件。试车合格，工程师在试车记录上签字。

19.3　工程师不能按时参加试车，须在开始试车前 24 小时以书面形式向承包方提出延期要求，不参加试车，应承认试车记录。

19.4　设备安装工程具备无负荷联动试车条件，发包方组织试车，并在试车内容、时间、地点和对承包方的要求，承包方按要求做好准备工作。试车合格，双方在试车记录上签字。

19.5　双方责任

（1）由于设计原因试车达不到验收要求，发包方应要求设计单位修改设计，承包方按修改后的设计重新安装。发包方承担修改设计、拆除及重新安装的全部费用和追加合同价款，工期相应顺延。

（2）由于设备制造原因试车达不到验收要求，由该设备采购一方负责重新购置或修理，承包方负责拆除和重新安装。设备由承包方采购的，由承包方承担修理或重新购置、拆除及重新安装的费用，工期不予顺延；设备由发包方采购的，发包方承担上述各项追加合同价款，工期相应顺延。

（3）由于承包方施工原因试车不到验收要求，承包方按工程师要求重新安装和试车，并承担重新安装和试车的费用，工期不予顺延。

（4）试车费用除已包括在合同价款之内或专用条款另有约定外，均由发包方承担。

（5）工程师在试车合格后不在试车记录上签字，试车结束 24 小时后，视为工程师已经认可试车记录，承包方可继续施工或办理竣工手续。

19.6　投料试车应在工程竣工验收后由发包方负责，如发包方要求在工程竣工验收前进行或需要承包方配合时，应征得承包方同意，另行签订补充协议。

五、安全施工

20. 安全施工与检查

20.1　承包方应遵守工程建设安全生产有关管理规定，严格按安全标准组织施工，并随时接受行业安全检查人员依法实施的监督检查，采取必要的安全防护措施，消除事故隐患。由于承包方安全措施不力造成事故的责任和因此发生的费用，由承包方承担。

20.2　发包方应对其在施工场地的工作人员进行安全教育，并对他们的安全负责。发包方不得要求承包方违反安全管理的规定进行施工。因发包方原因导致的安全事故，由发包方承担相应责任及发生的费用。

21. 安全防护

21.1　承包方在动力设备、输电线路、地下管道、密封防震车间、易燃易爆地段以及临街交通要道附近施工时，施工开始前应向工程师提出安全防护措施，经工程师认可后实施，防护措施费用由发包方承担。

21.2　实施爆破作业，在放射、毒害性环境中施工（含储存、运输、使用）及使用毒害性、腐蚀性物品施工时，承包方应在施工前 14 天以书面通知工程师，并提出相应的安全防护措施，经工程师认可后实施，由发包方承担安全防护措施费用。

22. 事故处理

22.1　发生重大伤亡及其他安全事故，承包方应按有关规定立即上报有关部门并通知工程师，同时按政府有关部门要求处理，由事故责任方承担发生的费用。

22.2　发包方承包方对事故责任有争议时，应按政府有关部门的认定处理。

六、合同价款与支付

23. 合同价款及调整

23.1　招标工程的合同价款由发包方承包方依据中标通知书中的中标价格在协议书内约定。非招标工程的合同价款由发包方承包方依据工程预算书在协议书内约定。

23.2　合同价款在协议书内约定后，任何一方不得擅自改变。下列三种确定合同价款的方式，双方可在专用条款内约定采用其中一种。

（1）固定价格合同。双方在专用条款内约定合同价款包含的风险范围和风险费用的计算方法，在约定的风险范围内合同价款不再调整。风险范围以外的合同价款调整方法。应当在专用条款内约定。

（2）可调价格合同。合同价款可根据双方的约定而调整，双方在专用条款内约定合同价款调整方法。

（3）成本加酬金合同。合同价款包括成本和酬金两部分，双方在专用条款内约定成本构成和酬金的计算方法。

23.3　可调价格合同中合同价款的调整因素包括：

（1）法律、行政法规和国家有关政策变化影响合同价款；

（2）工程造价管理部门公布的价格调整；

（3）一周内非承包方原因停水、停电、停气造成停工累计超过 8 小时；

（4）双方约定的其他因素。

23.4　承包方应当在 23.3 款情况发生后 14 天内，将调整原因、金额以书面形式通知工程师，工程师确认调整金额后作为追加合同价款，与工程款同期支付。工程师收到承包方通知后 14 天内不予确认也不提出修改意见，视为已经同意该项调整。

24. 工程预付款

实行工程预付款的，双方应当在专用条款内约定发包方向承包方预付工程款的时间和数额，开工后按约定的时间和比例逐次扣回。预付时间应不迟于约定的开工日期前 7 天。

发包方不按约定预付，承包方在约定预付时间7天后向发包方发出要求预付的通知，发包方收到通知后仍不能按要求预付，承包方可在发出通知后7天停止施工，发包方应从约定应付之日起向承包方支付应付款的贷款利息，并承担违约责任。

25. 工程量的确认

25.1 承包方应按专用条款约定的时间，向工程师提交已完工程量的报告。工程师接到报告后7天内按设计图纸核实已完工程量（以下称计量），并在计量前24小时通知承包方，承包方为计量提供便利条件并派人参加。承包方收到通知后不参加计量，计量结果有效，作为工程价款支付的依据。

25.2 工程师收到承包方报告后7天内未进行计量，从第8天起，承包方报告中开列的工程量即视为被确认，作为工程价款支付的依据。工程师不按约定时间通知承包方，致使承包方未能参加计量，计量结果无效。

25.3 对承包方超出设计图纸范围和因承包方原因造成返工的工程量，工程师不予计量。

26. 工程款（进度款）支付

26.1 在确认计量结果后14天内，发包方应向承包方支付工程款（进度款）。按约定时间发包方应扣回的预付款，与工程款（进度款）同期结算。

26.2 本通用条款第23条确定调整的合同价款，第31条工程变更调整的合同价款及其他条款中约定的追加合同价款，应与工程款（进度款）同期调整支付。

26.3 发包方超过约定的支付时间不支付工程款（进度款），承包方可向发包方发出要求付款的通知，发包方收到承包方通知后仍不能按要求付款，可与承包方协商签订延期付款协议，经承包方同意后可延期支付。协议应明确延期支付的时间和从计量结果确认后第15天起应付款的贷款利息。

26.4 发包方不按合同约定支付工程款（进度款），双方又未达成延期付款协议，导致施工无法进行，承包方可停止施工，由发包方承担违约责任。

七、材料设备供应

27. 发包方供应材料设备

27.1 实行发包方供应材料设备的，双方应当约定发包方供应材料设备的一览表，作为本合同附件（附件2）。一览表包括发包方供应材料设备的品种、规格、型号、数量、单价、质量等级、提供时间和地点。

27.2 发包方按一览表约定的内容提供材料设备，并向承包方提供产品合格证明，对其质量负责。发包方在所供材料设备到贷前24小时，以书面形式通知承包方，由承包方派人与发包方共同清点。

27.3 发包方供应的材料设备，承包方派人参加清点后由承包方妥善保管，发包方支付相应保管费用。因承包方原因发生丢失损坏，由承包方负责赔偿。

发包方未通知承包方清点，承包方不负责材料设备的保管，丢失损坏由发包方负责。

27.4 发包方供应的材料设备与一览表不符时，发包方承担有关责任。发包方应承担责任的具体内容，双方根据下列情况在专用条款内约定：

（1）材料设备单价与一览表不符，由发包方承担所有价差；

（2）材料设备的品种、规格、型号、质量等级与一览表不符，承包方可拒绝接收保管，由发包方运出施工场地并重新采购；

（3）发包方供应的材料规格、型号与一览表不符，经发包方同意，承包方可代为调剂串换，由发包方承担相应费用；

（4）到贷地点与一览表不符，由发包方负责运至一览表指定地点；

（5）供应数量少于一览表约定的数量时，由发包方补齐，多于一览表约定数量时，发包方负责将多出部分运出施工场地；

（6）到货时间早于一览表约定时间，由发包方承担因此发生的保管费用；到货时间迟于一览表约定的供应时间，发包方赔偿由此造成的承包方损失，造成工期延误的，相应顺延工期；

27.5　发包方供应的材料设备使用前，由承包方负责检验或试验，不合格的不得使用，检验或试验费用由发包方承担。

27.6　发包方供应材料设备的结算方法，双方在专用条款内约定。

28. 承包方采购材料设备

28.1　承包方负责采购材料设备的，应按照专用条款约定及设计和有关标准要求采购，并提供产品合格证明，对材料设备质量负责。承包方在材料设备到货前 24 小时通知工程师清点。

28.2　承包方采购的材料设备与设计标准要求不符时，承包方应按工程师要求的时间运出施工场地，重新采购符合要求的产品，承担由此发生的费用，由此延误的工期不予顺延。

28.3　承包方采购的材料设备在使用前，承包方应按工程师的要求进行检验或试验，不合格的不得使用，检验或试验费用由承包方承担。

28.4　工程师发现承包方采购并使用不符合设计和标准要求的材料设备时，应要求承包方负责修复、拆除或重新采购，由承包方承担发生的费用，由此延误的工期不予顺延。

28.5　承包方需要使用代用材料时，应经工程师认可后才能使用，由此增减的合同价款双方以书面形式议定。

28.6　由承包方采购的材料设备，发包方不得指定生产厂或供应商。

八、工程变更

29. 工程设计变更

29.1　施工中发包方需对原工程设计变更，应提前 14 天以书面形式向承包方发出变更通知。变更超过原设计标准或批准的建设规模时，发包方应报规划管理部门和其他有关部门重新审查批准，并由原设计单位提供变更的相应图纸和说明。承包方按照工程师发出的变更通知及有关要求，进行下列需要的变更：

（1）更改工程有关部分的标高、基线、位置和尺寸；

（2）增减合同中约定的工程量；

（3）改变有关工程的施工时间和顺序；

（4）其他有关工程变更需要的附加工作。

因变更导致合同价款的增减及造成的承包方损失，由发包方承担，延误的工期相应顺延。

29.2　施工中承包方不得对原工程设计进行变更。因承包方擅自变更设计发生的费用和由此导致发包方的直接损失，由承包方承担，延误的工期不予顺延。

29.3　承包方在施工中提出的合理化建议涉及对设计图纸或施工组织设计的更改及对材料、设备的换用，须经工程师同意。未经同意擅自更改或换用时，承包方承担由此发生的费用，并赔偿发包方的有关损失，延误的工期不予顺延。

工程师同意采用承包方合理化建议，所发生的费用和获得的收益，发包方承包方另行约定分担或分享。

30. 其他变更

合同履行中发包方要求变更工程质量标准及发生其他实质性变更，由双方协商解决。

31. 确定变更价款

31.1　承包方在工程变更确定后 14 天内，提出变更工程价款的报告，经工程师确认后调整合同价款。变更合同价款按下列方法进行：

（1）合同中已有适用于变更工程的价格，按合同已有的价格变更合同价款；

（2）合同中只有类似于变更工程的价格，可以参照类似价格变更合同价款；

（3）合同中没有适用或类似于变更工程的价格，由承包方提出适当的变更价格，经工程师确认后执行。

31.2　承包方在双方确定变更后 14 天内不向工程师提出变更工程价款报告时，视为该项变更不涉及合同价款的变更。

31.3　工程师应在收到变更工程价款报告之日起 14 天内予以确认，工程师无正当理由不确认时，自变更工程价款报告送达之日起 14 天后视为变更工程价款报告已被确认。

31.4　工程师不同意承包方提出的变更价款，按本通用条款第 37 条关于争议的约定处理。

31.5　工程师确认增加的工程变更价款作为追加合同价款，与工程款同期支付。

31.6　因承包方自身原因导致的工程变更，承包方无权要求追加合同价款。

九、竣工验收与结算

32. 竣工验收

32.1　工程具备竣工验收条件，承包方按国家工程竣工验收有关规定，向发包方提供完整竣工资料及竣工验收报告。双方约定由承包方提供竣工图的，应当在专用条款内约定提供的日期和份数。

32.2　发包方收到竣工验收报告后 28 天内组织有关单位验收，并在验收后 14 天内给予认可或提出修改意见。承包方按要求修改，并承担由自身原因造成修改的费用。

32.3　发包方收到承包方送交的竣工验收报告后 28 天内不组织验收，或验收后 14 天内不提出修改意见，视为竣工验收报告已被认可。

32.4　工程竣工验收通过，承包方送交竣工验收报告的日期为实际竣工日期。工程按发包方要求修改后通过竣工验收的，实际竣工日期为承包方修改后提请发包方验收的日期。

32.5　发包方收到承包方竣工验收报告后 28 天内不组织验收，从第 29 天起承担工程保管及一切意外责任。

32.6　中间交工工程的范围和竣工时间，双方在专用条款内约定，其验收程序按本通用条款 32.1 款至 32.4 款办理。

32.7　因特殊原因，发包方要求部分单位工程或工程部位甩项竣工的，双方另行签订甩项竣工协议，明确双方责任和工程价款的支付方法。

32.8　工程未经竣工验收或竣工验收未通过的，发包方不得使用。发包方强行使用时，由此发生的质量问题及其他问题，由发包方承担责任。

33. 竣工结算

33.1　工程竣工验收报告经发包方认可后 28 天内，承包方向发包方递交竣工结算报告及完整的结算资料，双方按照协议书约定的合同价款及专用条款约定的合同价款调整内容，进行工程竣工结算。

33.2　发包方收到承包方递交的竣工结算报告及结算资料后 28 天内进行核实，给予确认或者提出修改意见。发包方确认竣工结算报告通知经办银行向承包方支付工程竣工结算价款。承包方收到竣工结算价款后 14 天内将竣工工程交付发包方。

33.3　发包方收到竣工结算报告及结算资料后 28 天内无正当理由不支付工程竣工结算价款，从第 29 天起按承包方同期向银行贷款利率支付拖欠工程价款的利息，并承担违约责任。

33.4　发包方收到竣工结算报告及结算资料后 28 天内不支付工程竣工结算价款，承包方可以催告发包方支付结算价款。发包方在收到竣工结算报告及结算资料后 56 天内仍不支付的，承包方可以与发包方协议将该工程折价，也可以由承包方申请人民法院将该工程依法拍卖，承包方就该工程折价或者拍卖的价款优先受偿。

33.5　工程竣工验收报告经发包方认可后 28 天内，承包方未能向发包方递交竣工结算报告及完整的结算资料，造成工程竣工结算不能正常进行或工程竣工结算价款不能及时支付，发包方要求交付工程的，承包方应当交付；发包方不要求交付工程的，承包方承担保管责任。

33.6　发包方承包方对工程竣工结算价款发生争议时，按本通用条款第 37 条关于争议的约定处理。

34. 质量保修

34.1　承包方应按法律、行政法规或国家关于工程质量保修的有关规定，对交付发包方使用的工程在质量保修期内承担质量保修责任。

34.2　质量保修工作的实施。承包方应在工程竣工验收之前，与发包方签订质量保修书，作为本合同附件（附件 3 略）。

34.3　质量保修书的主要内容包括：

（1）质量保修项目内容及范围；

（2）质量保修期；

（3）质量保修责任；

（4）质量保修金的支付方法。

十、违约、索赔和争议

35. 违约

35.1　发包方违约。当发生下列情况时：

（1）本通用条款第 24 条提到的发包方不按时支付工程预付款；

（2）本通用条款第 26.4 款提到的发包方不按合同约定支付工程款，导致施工无法进行；

（3）本通用条款第 33.3 款提到的发包方无正当理由不支付工程竣工结算价款；

（4）发包方不履行合同义务或不按合同约定履行义务的其他情况。

发包方承担违约责任，赔偿因其违约给承包方造成的经济损失，顺延延误的工期。双方在专用条款内约定发包方赔偿承包方损失的计算方法或者发包方应当支付违约金的数额或计算方法。

35.2　承包方违约。当发生下列情况时：

(1) 本通用条款第14.2款提到的因承包方原因不能按照协议书约定的竣工日期或工程师同意顺延的工期竣工；

(2) 本通用条款第15.1款提到的因承包方原因工程质量达不到协议书约定的质量标准；

(3) 承包方不履行合同义务或不按合同约定履行义务的其他情况。

承包方承担违约责任，赔偿因其违约约发包方造成的损失。双方在专用条款内约定承包方赔偿发包方损失的计算方法或者承包方应当支付违约金的数额可计算方法。

35.3　一方违约后，另一方要求违约方继续履行合同时，违约方承担上述违约责任后仍应继续履行合同。

36. 索赔

36.1　当一方向另一方提出索赔时，要有正当索赔理由，且有索赔事件发生时的有效证据。

36.2　发包方未能按合同约定履行自己的各项义务或发生错误以及应由发包方承担责任的其他情况，造成工期延误和（或）承包方不能及时得到合同价款及承包方的其他经济损失，承包方可按下列程序以书面形式向发包方索赔：

(1) 索赔事件发生后28天内，向工程师发出索赔意向通知；

(2) 发出索赔意向通知后28天内，向工程师提出延长工期和（或）补偿经济损失的索赔报告及有关资料；

(3) 工程师在收到承包方送交的索赔报告和有关资料后，于28天内给予答复，或要求承包方进一步补充索赔理由和证据；

(4) 工程师在收到承包方送交的索赔报告和有关资料后28天内未予答复或未对承包方作进一步要求，视为该项索赔已经认可；

(5) 当该索赔事件持续进行时，承包方应当阶段性向工程师发出索赔意向，在索赔事件终了后28天内，向工程师送交索赔的有关资料和最终索赔报告。索赔答复程序与(3)、(4)规定相同。

36.3　承包方未能按合同约定履行自己的各项义务或发生错误，给发包方造成经济损失，发包方可按36.2款确定的时限向承包方提出索赔。

37. 争议

37.1　发包方承包方在履行合同时发生争议，可以和解或者要求有关主管部门调解。当事人不愿和解、调解或者和解、调解不成的，双方可以在专用条款内约定以下一种方式解决争议：第一种解决方式：双方达成仲裁协议，向约定的仲裁委员会申请仲裁；第二种解决方式：向有管辖权的人民法院起诉。

37.2　发生争议后，除非出现下列情况的，双方都应继续履行合同，保持施工连续，保护好已完工程：

(1) 单方违约导致合同确已无法履行，双方协议停止施工；

（2）调解要求停止施工，且为双方接受；

（3）仲裁机构要求停止施工；

（4）法院要求停止施工。

十一、其他

38. 工程分包

38.1　承包方按专用条款的约定分包所承包的部分工程，并与分包单位签订分包合同。非经发包方同意，承包方不得将承包工程的任何部分分包。

38.2　承包方不得将其承包的全部工程转包给他人，也不得将其承包的全部工程肢解以后以分包的名义分别转包给他人。

38.3　工程分包不能解除承包方任何责任与义务。承包方应在分包场地派驻相应管理人员，保证本合同的履行。分包单位的任何违约行为或疏忽导致工程损害或给发包方造成其他损失，承包方承担连带责任。

38.4　分包工程价款由承包方与分包单位结算。发包方未经承包方同意不得以任何形式向分包单位支付各种工程款项。

39. 不可抗力

39.1　不可抗力包括因战争、动乱、空中飞行物体坠落或其他非发包方承包方责任造成的爆炸、火灾，以及专用条款约定的风雨、雪、洪、震等自然灾害。

39.2　不可抗力事件发生后，承包方应立即通知工程师，产大力所能及的条件下迅速采取措施，尽力减少损失，发包方应协助承包方采取措施。不可抗力事件结束后 48 小时内承包方向工程师通报受害情况和损失情况，及预计清理和修复的费用。不可抗事件持续发生，承包方应每隔 7 天向工程师报告一次受害情况。不可抗力事件结束后 14 天内，承包方向工程师提交清理和修复费用的正式报告及有关资料。

39.3　因不可抗力事件导致的费用及延误的工期由双方按以下方法分别承担：

（1）工程本身的损害、因工程损害导致第三人人员伤亡和财产损失以及运至施工场地用于施工的材料和待安装的设备的损害，由发包方承担；

（2）发包方承包方人员伤亡由其所在单位负责，并承担相应费用；

（3）承包方机械设备损坏及停工损失，由承包方承担；

（4）停工期间，承包方应工程师要求留在施工场地的必要的管理人员及保卫人员的费用由发包方承担；

（5）工程所需清理、修复费用，由发包方承担；

（6）延误的工期相应顺延。

39.4　因合同一方迟延履行合同后发生不可抗力的，不能免除迟延履行方的相应责任。

40. 保险

40.1　工程开工前，发包方为建设工程和施工场内的自有人员及第三人人员生命财产办理保险，支付保险费用。

40.2　运至施工场地内用于工程的材料和待安装设备，由发包方办理保险，并支付保险费用。

40.3　发包方可以将有关保险事项委托承包方办理，费用由发包方承担。

40.4　承包方必须为人事危险作业的职工办理意外伤害保险，并为施工场地内自有人员生命财产和施工机械设备办理保险，支付保险费用。

40.5　保险事故发生时，发包方承包方有责任尽力采取必要的措施，防止或者减少损失。

40.6　具体投保内容和相关责任，发包方承包方在专用条款中约定。

41. 担保

41.1　发包方承包方为了全面履行合同，应互相提供以下担保：

（1）发包方向承包方提供履约担保，按合同约定支付工程价款及履行合同约定的其他义务。

（2）承包方向发包方提供履约担保，按合同约定履行自己的各项义务。

41.2　一方违约后，另一方可要求提供担保的第三人承担相应责任。

41.3　提供担保的内容、方式和相关责任，发包方承包方除在专用条款中约定外，被担保方与担保方还应签订担保合同，作为本合同附件。

42. 专利技术及特殊工艺

42.1　发包方要求使用专利技术或特殊工艺，就负责办理相应的申报手续，承担申报、试验、使用等费用；承包方提出使用专利技术或特殊工艺，应取得工程师认可，承包方负责办理申报手续并承担有关费用。

42.2　擅自使用专利技术侵犯他人专利权的，责任者依法承担相应责任。

43. 文物和地下障碍物

43.1　在施工中发现古墓、古建筑遗址等文物及化石或其他有考古、地质研究等价值的物品时，承包方应立即保护好现场并于4小时内以书面形式通知工程师，工程师应于收到书面通知后24小时内报告当地文物管理部门，发包方承包方按文物管理部门的要求采取妥善保护措施。发包方承担由此发生的费用，顺延延误的工期。

如发现后隐瞒不报，致使文物遭受破坏，责任者依法承担相应责任。

43.2　施工中了现影响施工的地下障碍物时，承包方应于8小时内以书面形式通知工程师，同时提出处置方案，工程师收到处置方案后24小时内予以认可或提出修正方案。发包方承担由此发生的费用，顺延延误的工期。

所发现的地下障碍物有归属单位时，发包方应报请有关部门协同处置。

44. 合同解除

44.1　发包方承包方协商一致，可以解除合同。

44.2　发生本通用条款第26.4款情况，停止施工超过56天，发包方仍不支付工程款(进度款)，承包方有权解除合同。

44.3　发生本通用条款第38.2款禁止的情况，承包方将其承包的全部工程转包给他人或者肢解以后以分包的名义分别转包给他人，发包方有权解除合同。

44.4　有下列情形之一的，发包方承包方可以解除合同：

（1）因不可抗力致使合同无法履行；

（2）因一方违约（包括因发包方原因造成工程停建或缓建）致使合同无法履行。

44.5　一方依据44.2、44.3、44.4款约定要求解除合同的，应以书面形式向对方发出解除合同的通知，并在发出通知前7天告知对方，通知到达对方时合同解除。对解除合同有争议的，按本通用条款第37条关于争议的约定处理。

44.6　合同解除后，承包方应妥善做好已完工程和已购材料、设备的保护和移交工作，按发包方要求将自有机械设备和人员撤出施工场地。发包方应为承包方撤出提供必要条件，支付以上所发生的费用，并按合同约定支付已完工程价款。已经订货的材料、设备由订货方负责退货或解除订货合同，不能退还的货款和因退货、解除订货合同发生的费用，由发包方承担，因未及时退货造成的损失由责任方承担。除此之外，有过错的一方应当赔偿因合同解除给对方造成的损失。

44.7 合同解除后，不影响双方在合同中约定的结算和清理条款的效力。

45. 合同生效与终止

45.1 双方在协议书中约定合同生效方式。

45.2 除本通用条款第34条外，发包方承包方履行合同全部义务，竣工结算价款支付完毕，承包方向发包方交付竣工工程后，本合同即告终止。

45.3 合同的权利义务终止后，发包方承包方应当遵循诚实信用原则，履行通知、协助、保密等义务。

46. 合同份数

46.1 本合同正本两份，具有同等效力，由发包方承包方分别保存一份。

46.2 本合同副本份数，由双方根据需要在专用条款内约定。

47. 补充条款

双方根据有关法律、行政法规规定，结合工程实际经协商一致后，可对本通用条款内容具体化、补充或修改，在专用条款内约定。

第三部分 专用条款（节选）

一、词语定义及合同文件

2. 合同文件及解释顺序

合同文件组成及解释顺序：________________________________

3. 语言文字和适用法律、标准及规范

3.1 本合同除使用汉语外，还使用____________语言文字。

3.2 适用法律和法规需要明示的法律、行政法规：________________

3.3 适用标准、规范

适用标准、规范的名称：________________________________

发包方提供标准、规范的时间：__________________________

国内没有相应标准、规范时的约定：______________________

4. 图纸

4.1 发包方向承包方提供图纸日期和套数：__________________

发包方对图纸的保密要求：______________________________

使用国外图纸的要求及费用承担：________________________

二、双方一般权利和义务

5. 工程师

5.2 监理单位委派的工程师

姓名：________职务：________发包方委托的职权：________

需要取得发包方批准才能行使的职权：______________________

5.3 发包方派驻的工程师

姓名：________职务：________

职权：____

5.6　不实行监理的，工程师的职权：____

7. 项目经理

姓名：________职务：________

8. 发包方工作

8.1　发包方应按约定的时间和要求完成以下工作：

（1）施工场地具备施工条件的要求及完成的时间：______________

（2）将施工所需的水、电、电讯线路接至施工场地的时间、地点和供应要求：______

____

____

（3）施工场地与公共道路的通道开通时间和要求：______________

（4）工程地质和地下管线资料的提供时间：______________

（5）由发包方办理的施工所需证件、批件的名称和完成时间：______________

（6）水准点与坐标控制点交验要求：______________

（7）图纸会审和设计交底时间：______________

（8）协调处理施工场地周围地下管线和邻近建筑物、构筑物（含文物保护建筑）、古树名木的保护工作：______________

（9）双方约定发包方应做的其他工作：______________

8.2　发包方委托承包方办理的工作：______________

9. 承包方工作

9.1　承包方应按约定时间和要求，完成以下工作：

（1）需由设计资质等级和业务范围允许的承包方完成的设计文件提交时间：________

（2）应提供计划、报表的名称及完成时间：______________

（3）承担施工安全保卫工作及非夜间施工照明的责任和要求：______________

（4）向发包方提供的办公和生活房屋及设施的要求：______________

（5）需承包方办理的有关施工场地交通、环卫和施工噪音管理等手续：____________

____

（6）已完工程成品保护的特殊要求及费用承担：______________

（7）施工场地周围地下管线和邻近建筑物、构筑物（含文物保护建筑）、古树名木的保护要求及费用承担：______________

（8）施工场地清洁卫生的要求：______________

（9）双方约定承包方应做的其他工作：______________

三、施工组织设计和工期

10. 进度计划

10.1　承包方提供施工组织设计（施工方案）和进度计划的时间：______________

工程师确认的时间：______________

10.2　群体工程中有关进度计划的要求：______________

13. 工期延误

13.1　双方约定工期顺延的其他情况：______________

四、质量与验收

17. 隐蔽工程和中间验收

17.1　双方约定中间验收部位：______________

19. 工程试车

19.5　试车费用的承担：______________

五、安全施工

六、合同价款与支付

23. 合同价款及调整

23.2　本合同价款采用______________方式确定。

(1) 采用固定价格合同，合同价款中包括的风险范围：______________

风险费用的计算方法：______________

风险范围以外合同价款调整方法：______________

(2) 采用可调价格合同，合同价款调整方法：______________

(3) 采用成本加酬金合同，有关成本和酬金的约定：______________

23.3　双方约定合同价款的其他调整因素：______________

24. 工程预付款。发包方向承包方预付工程款的时间和金额或占合同价款总额的比例：______________

扣回工程款的时间、比例：______________

25. 工程量确认

25.1　承包方向工程师提交已完工程量报告的时间：______________

26. 工程款（进度款）支付

双方约定的工程款（进度款）支付的方式和时间：______________

七、材料设备供应

27. 发包方供应

27.4　发包方供应的材料设备与一览表不符时，双方约定发包方承担责任如下：

(1) 材料设备单价与一览表不符：______________

(2) 材料设备的品种、规格、型号、质量等级与一览表不符：______________

(3) 承包方可代为调剂串换的材料：______________

(4) 到货地点与一览表不符：______________

(5) 供应数量与一览表不符：______________

(6) 到货时间与一览表不符：______________

27.6　发包方供应材料设备的结算方法：______________

28. 承包方采购材料设备

28.1　承包方采购材料设备的约定：______________

八、工程变更

九、竣工验收与结算

32. 竣工验收

32.1　承包方提供竣工图的约定：______________

32.6　中间交工工程的范围和竣工时间：________________________

十、违约、索赔和争议

35. 违约

35.1　本合同中关于发包方违约的具体责任如下：

本合同通用条款第 24 条约定发包方违约应承担的违约责任：____________

本合同通用条款第 26.4 款约定发包方违约应承担的违约责任：____________

本合同通用条款第 33.3 款约定发包方违约应承担的违约责任：____________

双方约定的发包方其他违约责任：____________

35.2　本合同中关于承包方违约的具体责任如下：

本合同通用条款第 14.2 款约定承包方违约承担的违约责任：____________

本合同通用条款第 15.1 款约定承包方违约应承担的违约责任：____________

双方约定的承包方其他违约责任：________________________

37. 争议

37.1　双方约定，在履行合同过程中产生争议时：

（1）请____________调解；

（2）采取第　种方式解决，并约定向_____仲裁委员会提请仲裁或向_______人民法院提起诉讼。

十一、其他

38. 工程分包

38.1　本工程发包方同意承包方分包的工程：________________________

分包施工单位为：________________________

39. 不可抗力

39.1　双方关于不可抗力的约定：________________________

40. 保险

40.6　本工程双方约定投保内容如下：

（1）发包方投保内容：________________________

发包方委托承包方办理的保险事项。

（2）承包方投保内容：________________________

41. 担保

41.3　本工程双方约定担保事项如下：

（1）发包方向承包方提供履约担保，担保方式为：担保合同作为本合同附件。

（2）承包方向发包方提供履约担保，担保方式为：担保合同作为本合同附件。

（3）双方约定的其他担保事项：________________________

46. 合同份数

46.1　双方约定合同副本份数：________________________

47. 补充条款

附件 1：承包方承揽工程项目一览表（略）

附件 2：发包方供应材料设备一览表（略）

附件 3：工程质量保修书（略）

附件二

中华人民共和国招标投标法

（1999年8月30日第九届全国人民代表大会
常务委员会第十一次会议通过）

目　　录

第一章　总　　则

第一条　为了规范招标投标活动，保护国家利益、社会公共利益和招标投标活动当事人的合法权益，提高经济效益，保证项目质量，制定本法。

第二条　在中华人民共和国境内进行招标投标活动，适用本法。

第三条　在中华人民共和国境内进行下列工程建设项目包括项目的勘察、设计、施工、监理以及与工程建设有关的重要设备、材料等的采购，必须进行招标：

（一）大型基础设施、公用事业等关系社会公共利益，公众安全的项目；

（二）全部或者部分使用国有资金投资或者国家融资的项目；

（三）使用国际组织或者外国政府贷款、援助资金的项目。

前款所列项目的具体范围和规模标准，由国务院发展计划部门会同国务院有关部门制订，报国务院批准。

法律或者国务院对必须进行招标的其他项目的范围有规定的，依照其规定。

第四条　任何单位和个人不得将依法必须进行招标的项目化整为零或者以其他任何方式规避招标。

第五条　招标投标活动应当遵循公开、公平、公正和诚实信用的原则。

第六条　依法必须进行招标的项目，其招标投标活动不受地区或者部门的限制。任何单位和个人不得违法限制或者排斥本地区，本系统以外的法人或者其他组织参加投标，不得以任何方式非法干涉招标投标活动。

第七条　招标投标活动及其当事人应当接受依法实施的监督。

有关行政监督部门依法对招标投标活动实施监督，依法查处招标投标活动中的违法行为。

对招标投标活动的行政监督及有关部门的具体职权划分，由国务院规定。

第二章　招　　标

第八条　招标人是依照本法规定提出招标项目、进行招标的法人或者其他组织。

第九条　招标项目按照国家有关规定需要履行项目审批手续的，应当先履行审批手续，取得批准。

招标人应当有进行招标项目的相应资金或者资金来源已经落实，并应当在招标文件中如实载明。

第十条　招标分为公开招标和邀请招标。

公开招标，是指招标人以招标公告的方式邀请不特定的法人或者其他组织投标。

邀请招标，是指招标人以投标邀请书的方式邀请特定的法人或者其他组织投标。

第十一条　国务院发展计划部门确定的国家重点项目和省、自治区、直辖市人民政府确定的地方重点项目不适宜公开招标的，经国务院发展计划部门或者省、自治区、直辖市人民政府批准，可以进行邀请招标。

第十二条　招标人有权自行选择招标代理机构，委托其办理招标事宜。任何单位和个人不得以任何方式为招标人指定招标代理机构。

招标人具有编制招标文件和组织评标能力的，可以自行办理招标事宜。任何单位和个人不得强制其委托招标代理机构办理招标事宜。

依法必须进行招标的项目，招标人自行办理招标事宜的，应当向有关行政监督部门备案。

第十三条　招标代理机构是依法设立、从事招标代理业务并提供相关服务的社会中介组织。

招标代理机构应当具备下列条件：

（一）有从事招标代理业务的营业场所和相应资金；

（二）有能够编制招标文件和组织评标的相应专业力量；

（三）有符合本法第三十七条第三款规定条件、可以作为评标委员会成员人选的技术、经济等方面的专家库。

第十四条　从事工程建设项目招标代理业务的招标代理机构，其资格由国务院或者省、自治区、直辖市人民政府的建设行政主管部门认定。具体办法由国务院建设行政主管部门会同国务院有关部门制定。从事其他招标代理业务的招标代理机构，其资格认定的主管部门由国务院规定。

招标代理机构与行政机关和其他国家机关不得存在隶属关系或者其他利益关系。

第十五条　招标代理机构应当在招标人委托的范围内办理招标事宜，并遵守本法关于招标人的规定。

第十六条　招标人采用公开招标方式的，应当发布招标公告。依法必须进行招标的项目的招标公告，应当通过国家指定的报刊、信息网络或者其他媒介发布。

招标公告应当载明招标人的名称和地址、招标项目的性质、数量、实施地点和时间以及获取招标文件的办法等事项。

第十七条 招标人采用邀请招标方式的，应当向三个以上具备承担招标项目的能力、资信良好的特定的法人或者其他组织发出投标邀请书。

投标邀请书应当载明本法第十六条第二款规定的事项。

第十八条 招标人可以根据招标项目本身的要求，在招标公告或者投标邀请书中，要求潜在投标人提供有关资质证明文件和业绩情况，并对潜在投标人进行资格审查；国家对投标人的资格条件有规定的，依照其规定。

招标人不得以不合理的条件限制或者排斥潜在投标人，不得对潜在投标人实行歧视待遇。

第十九条 招标人应当根据招标项目的特点和需要编制招标文件。招标文件应当包括招标项目的技术要求、对投标人资格审查的标准、投标报价要求和评标标准等所有实质性要求和条件以及拟签订合同的主要条款。

国家对招标项目的技术、标准有规定的，招标人应当按照其规定在招标文件中提出相应要求。

招标项目需要划分标段、确定工期的，招标人应当合理划分标段、确定工期，并在招标文件中载明。

第二十条 招标文件不得要求或者标明特定的生产供应者以及含有倾向或者排斥潜在投标人的其他内容。

第二十一条 招标人根据招标项目的具体情况，可以组织潜在投标人踏勘项目现场。

第二十二条 招标人不得向他人透露已获取招标文件的潜在投标人的名称、数量以及可能影响公平竞争的有关招标投标的其他情况。

招标人设有标底的，标底必须保密。

第二十三条 招标人对已发出的招标文件进行必要的澄清或者修改的，应当在招标文件要求提交投标文件截止时间至少十五日前，以书面形式通知所有招标文件收受人。该澄清或者修改的内容为招标文件的组成部分。

第二十四条 招标人应当确定投标人编制投标文件所需要的合理时间，但是，依法必须进行招标的项目，自招标文件开始发出之日起至投标提交投标文件截止之日止，最短不得少于二十日。

第三章 投　　标

第二十五条 投标人是响应招标、参加投标竞争的法人或者其他组织。

依法招标的科研项目允许个人参加投标的，投标的个人适用本法有关投标人的规定。

第二十六条 投标人应当具备承担招标项目的能力；国家有关规定对投标人资格条件或者招标文件对投标人资格条件有规定的，投标人应当具备规定的资格条件。

第二十七条 投标人应当按照招标文件的要求编制投标文件。投标文件应当对招标文件提出的实质性要求和条件作出响应。

招标项目属于建设施工的，投标文件的内容应当包括拟派出的项目负责人与主要技术人员的简历、业绩和拟用于完成招标项目的机械设备等。

第二十八条 投标人应当在招标文件要求提交投标文件的截止时间前，将投标文件送达投标地点。招标人收到投标文件后，应当签收保存，不得开启。投标人少于三个的，招标人应当依照本法重新招标。

在招标文件要求提交投标文件的截止时间后送达的投标文件，招标人应当拒收。

第二十九条 投标人在招标文件要求提交投标文件的截止时间前，可以补充、修改或者撤回已提交的投标文件，并书面通知招标人。补充、修改的内容为投标文件的组成部分。

第三十条 投标人根据招标文件载明的项目实际情况，拟在中标后将中标项目的部分非主体、非关键性工作进行分包的，应当在投标文件中载明。

第三十一条 两个以上法人或者其他组织可以组成一个联合体，以一个投标人的身份共同投标。

联合体各方均应当具备承担招标项目的相应能力；国家有关规定或者招标文件对投标人资格条件有规定的，联合体各方均应当具备规定的相应资格条件。由同一专业的单位组成的联合体，按照资质等级较低的单位确定资质等级。

联合体各方应当签订共同投标协议，明确约定各方拟承担的工作和责任，并将共同投标协议连同投标文件一并提交招标人。联合体中标的，联合体各方应当共同与招标人签订合同，就中标项目向招标人承担连带责任。

招标人不得强制投标人组成联合体共同投标，不得限制投标人之间的竞争。

第三十二条 投标人不得相互串通投标报价，不得排挤其他投标人的公平竞争，损害招标人或者其他投标人的合法权益。

投标人不得与招标人串通投标，损害国家利益、社会公共利益或者他人的合法权益。

禁止投标人以向招标人或者评标委员会成员行贿的手段谋取中标。

第三十三条 投标人不得以低于成本的报价竞标，也不得以他人名义投标或者以其他方式弄虚作假，骗取中标。

第四章　开标、评标和中标

第三十四条 开标应当在招标文件确定的提交投标文件截止时间的同一时间公开进行；开标地点应当为招标文件中预先确定的地点。

第三十五条 开标由招标人主持，邀请所有投标人参加。

第三十六条 开标时，由投标人或者其推选的代表检查投标文件的密封情况，也可以由招标人委托的公证机构检查并公证；经确认无误后，由工作人员当众拆封，宣读投标人名称、投标价格和投标文件的其他主要内容。

招标人在招标文件要求提交投标文件的截止时间前收到的所有投标文件，开标时都应当当众予以拆封、宣读。

开标过程应当记录，并存档备案。

第三十七条 评标由招标人依法组建的评标委员会负责。

依法必须进行招标的项目，其评标委员会由招标人的代表和有关技术、经济等方面的专家组成，成员人数为五人以上单数，其中技术、经济等方面的专家不得少于成员总数的三分之二。

前款专家应当从事相关领域工作满八年并具备高级职称或者具有同等专业水平，由招标人从国务院有关部门或者省、自治区、直辖市人民政府有关部门提供的专家名册或者招标代理机构的专家库内的相关专业的专家名单中确定；一般招标项目可以采取随机抽取方式，特殊招标项目可以由招标人直接确定。

与投标人有利害关系的人不得进入相关项目的评标委员会，已经进入的应当更换。

评标委员会成员的名单在中标结果确定前应当保密。

第三十八条 招标人应当采取必要的措施，保证评标在严格保密的情况下进行。

任何单位和个人不得非法干预、影响评标的过程和结果。

第三十九条 评标委员会可以要求投标人对投标文件中含义不明确的内容作必要的澄清或者说明，但是澄清或者说明不得超出投标文件的范围或者改变投标文件的实质性内容。

第四十条 评标委员会应当按照招标文件确定的评标标准和方法，对投标文件进行评审和比较；设有标底的，应当参考标底。评标委员会完成评标后，应当向招标人提出书面评标报告，并推荐合格的中标候选人。

招标人根据评标委员会提出的书面评标报告和推荐的中标候选人确定中标人。招标人也可以授权评标委员会直接确定中标人。

国务院对特定招标项目的评标有特别规定的，从其规定。

第四十一条 中标人的投标应当符合下列条件

（一）能够最大限度地满足招标文件中规定的各项综合评价标准；

（二）能够满足招标文件的实质性要求，并且经评审的投标价格最低；但是投标价格低于成本的除外。

第四十二条 评标委员会经评审，认为所有投标都不符合招标文件要求的，可以否决所有投标。

依法必须进行招标的项目的所有投标被否决的，招标人应当依照本法重新招标。

第四十三条 在确定中标人前，招标人不得与投标人就投标价格、投标方案等实质性内容进行谈判。

第四十四条 评标委员会成员应当客观、公正地履行职务，遵守职业道德，对所提出的评审意见承担个人责任。

评标委员会成员不得私下接触投标人，不得收受投标人的财物或者其他好处。

评标委员会成员和参与评标的有关工作人员不得透露对投标文件的评审和比较、中标候选人的推荐情况以及与评标有关的其他情况。

第四十五条 中标人确定后，招标人应当向中标人发出中标通知书，并同时将中标结果通知所有未中标的投标人。

中标通知书对招标人和中标人具有法律效力。中标通知书发出后，招标人改变中标结果的，或者中标人放弃中标项目的，应当依法承担法律责任。

第四十六条 招标人和中标人应当自中标通知书发出之日起三十日内，按照招标文件和中标人的投标文件订立书面合同。招标人和中标人不得再行订立背离合同实质性内容的其他协议。

招标文件要求中标人提交履约保证金的，中标人应当提交。

第四十七条 依法必须进行招标的项目，招标人应当自确定中标人之日起十五日内，向有关行政监督部门提交招标投标情况的书面报告。

第四十八条 中标人应当按照合同约定履行义务，完成中标项目。中标人不得向他人转让中标项目，也不得将中标项目肢解后分别向他人转让。

中标人按照合同约定或者经招标人同意，可以将中标项目的部分非主体、非关键性工作分包给他人完成。接受分包的人应当具备相应的资格条件，并不得再次分包。

中标人应当就分包项目向招标人负责，接受分包的人就分包项目承担连带责任。

第五章 法 律 责 任

第四十九条 违反本法规定，必须进行招标的项目而不招标的，将必须进行招标的项目化整为零或者以其他任何方式规避招标的，责令限期改正，可以处项目合同金额千分之五以上千分之十以下的罚款；对全部或者部分使用国有资金的项目，可以暂停项目执行或者暂停资金拨付；对单位直接负责的主管人员和其他直接责任人员依法给予处分。

第五十条 招标代理机构违反本法规定，泄露应当保密的与招标投标活动有关的情况和资料的，或者与招标人、投标人串通损害国家利益、社会公共利益或者他人合法权益的，处五万元以上二十五万元以下的罚款，对单位直接负责的主管人员和其他直接责任人员处单位罚款数额百分之五以上百分之十以下的罚款；有违法所得的，并处没收违法所得；情节严重的，暂停直至取消招标代理资格；构成犯罪的，依法追究刑事责任。给他人造成损失的，依法承担赔偿责任。

前款所列行为影响中标结果的，中标无效。

第五十一条 招标人以不合理的条件限制或者排斥潜在投标人的，对潜在投标人实行歧视待遇的，强制要求投标人组成联合体共同投标的，或者限制投标人之间竞争的，责令改正，可以处一万元以上五万元以下的罚款。

第五十二条 依法必须进行招标的项目的招标人向他人透露已获取招标文件的潜在投标人的名称、数量或者可能影响公平竞争的有关招标投标的其他情况的，或者泄露标底的，给予警告，可以并处一万元以上十万元以下的罚款；对单位直接负责的主管人员和其他直接责任人员依法给予处分；构成犯罪的，依法追究刑事责任。

前款所列行为影响中标结果的，中标无效。

第五十三条 投标人相互串通投标或者与招标人串通投标的，投标人以向招标人或者评标委员会成员行贿的手段谋取中标的，中标无效，处中标项目金额千分之五以上千分之十以下的罚款，对单位直接负责的主管人员和其他直接责任人员处单位罚款数额百分之五以上百分之十以下的罚款；有违法所得的，并处没收违法所得；情节严重的，取消其一年至二年内参加依法必须进行招标的项目的投标资格并予以公告，直至由工商行政管理机关吊销营业执照；构成犯罪的，依法追究刑事责任。给他人造成损失的，依法承担赔偿责任。

第五十四条 投标人以他人名义投标或者以其他方式弄虚作假，骗取中标的，中标无效，给招标人造成损失的，依法承担赔偿责任；构成犯罪的，依法追究刑事责任。

依法必须进行招标的项目的投标人有前款所列行为尚未构成犯罪的，处中标项目金额千分之五以上千分之十以下的罚款，对单位直接负责的主管人员和其他直接责任人员处单位罚款数额百分之五以上百分之十以下的罚款；有违法所得的，并处没收违法所得；情节严重的，取消其一年至三年内参加依法必须进行招标的项目的投标资格并予以公告，直至由工商行政管理机关吊销营业执照。

第五十五条 依法必须进行招标的项目，招标人违反本法规定，与投标人就投标价格、投标方案等实质性内容进行谈判的，给予警告，对单位直接负责的主管人员和其他直接责任人员依法给予处分。

前款所列行为影响中标结果的，中标无效。

第五十六条 评标委员会成员收受投标人的财物或者其他好处的，评标委员会成员或者参加评标的有关工作人员向他人透露对投标文件的评审和比较、中标候选人的推荐以及与评标有关的其他情况的，给予警告，没收收受的财物，可以并处三千元以上五万元以下的罚款，对有所列违法行为的评标委员会成员取消担任评标委员会成员的资格，不得再参加任何依法必须进行招标的项目的评标；构成犯罪的，依法追究刑事责任。

第五十七条 招标人在评标委员会依法推荐的中标候选人以外确定中标人的，依法必须进行招标的项目在所有投标被评标委员会否决后自行确定中标人的，中标无效。责令改正，可以处中标项目金额千分之五以上千分之十以下的罚款；对单位直接负责的主管人员和其他直接责任人员依法给予处分。

第五十八条 中标人将中标项目转让给他人的，将中标项目肢解后分别转让给他人的，违反本法规定将中标项目的部分主体、关键性工作分包给他人的，或者分包人再次分包的，转让、分包无效，处转让、分包项目金额千分之五以上千分之十以下的罚款；有违法所得的，并处没收违法所得；可以责令停业整顿；情节严重的，由工商行政管理机关吊销营业执照。

第五十九条 招标人与中标人不按照招标文件和中标人的投标文件订立合同的，或者招标人、中标人订立背离合同实质性内容的协议的，责令改正；可以处中标项目金额千分之五以上千分之十以下的罚款。

第六十条 投标人不履行与招标人订立的合同的，履约保证金不予退还，给招标人造成的损失超过履约保证金数额的，还应当对超过部分予以赔偿；没有提交履约保证金的，应当对招标人的损失承担赔偿责任。

中标人不按照与招标人订立的合同履行义务，情节严重的，取消其二年至五年内参加依法必须进行招标的项目的投标资格并予以公告，直至由工商行政管理机关吊销营业执照。

因不可抗力不能履行合同的，不适用前两款规定。

第六十一条 本章规定的行政处罚，由国务院规定的有关行政监督部门决定。本法已对实施行政处罚的机关作出规定的除外。

第六十二条 任何单位违反本法规定，限制或者排斥本地区、本系统以外的法人或者其他组织参加投标的，为招标人指定招标代理机构的，强制招标人委托招标代理机构办理招标事宜的，或者以其他方式干涉招标投标活动的，责令改正；对单位直接负责的主管人员和其他直接责任人员依法给予警告、记过、记大过的处分，情节较重的，依法给予降级、撤职、开除的处分。

个人利用职权进行前款违法行为的，依照前款规定追究责任。

第六十三条 对招标投标活动依法负有行政监督职责的国家机关工作人员徇私舞弊、滥用职权或者玩忽职守，构成犯罪的，依法追究刑事责任；不构成犯罪的，依法给予行政处分。

第六十四条 依法必须进行招标的项目违反本法规定，中标无效的，应当依照本法规定的中标条件从其余投标人中重新确定中标人或者依照本法重新进行招标。

第六章 附 则

第六十五条 投标人和其他利害关系人认为招投标活动不符合本法有关规定的，有权向招标人提出异议或者依法向有关行政监督部门投诉。

第六十六条 涉及国家安全、国家秘密、抢险救灾或者属于利用扶贫资金实行以工代赈、需要使用农民工等特殊情况，不适宜进行招标的项目，按照国家有关规定可以不进行招标。

第六十七条 使用国际组织或者外国政府贷款、援助资金的项目进行招标，贷款方、资金提供方对招标投标的具体条件和程序有不同规定的，可以适用其规定，但违背中华人民共和国的社会公共利益的除外。

第六十八条 本法自 2000 年 1 月 1 日起施行。

参 考 文 献

［1］ 全国建筑企业项目经理培训教材编委会．工程招标投标与合同管理．北京：中国建筑工业出版社，2000.

［2］ 全国建筑装饰协会培训中心组织编写．建筑装饰装修工程招投标与合同管理．北京：中国建筑工业出版社，2003.

［3］ 李清立主编．工程建设监理案例分析．北京：北方交通大学出版社，2001.

［4］ 刘钦主编．工程招标投标与合同管理．北京：高等教育出版社，2003.

［5］ 中华人民共和国建设部．建设工程施工合同示范文本（GF-1999-0201）．北京：中国建筑工业出版社，1999.

［6］ 建筑业企业资质管理规定．北京：中国建筑工业出版社，2001.